高等院校环境类专业教材

环境监测实验

汤红妍 编

化学工业出版社
·北京·

《环境监测实验》结合环境监管中的常规监测项目,并依据环保部最新的环境监测技术标准,列出了一系列实验项目及其监测技术方法。主要内容包括:环境监测实验基础,环境监测实验质量保证,水和废水监测,空气、土壤及其他监测,综合性和设计性实验五个章节,且在附录中列出了常用的环境质量标准。

《环境监测实验》可作为高校环境类专业本科和专科学生的教材,也可作为环境监测或其他环境污染治理技术人员的参考书。

图书在版编目(CIP)数据

环境监测实验/汤红妍编. —北京:化学工业出版社,2017.12(2022.1重印)

高等院校环境类专业教材

ISBN 978-7-122-31028-6

Ⅰ.①环⋯　Ⅱ.①汤⋯　Ⅲ.①环境监测-实验-高等学校-教材　Ⅳ.①X83-33

中国版本图书馆 CIP 数据核字(2017)第 282949 号

责任编辑:徐雅妮　任睿婷　　　　　　　　装帧设计:王晓宇
责任校对:王素芹

出版发行:化学工业出版社(北京市东城区青年湖南街 13 号　邮政编码 100011)
印　　装:北京七彩京通数码快印有限公司
787mm×1092mm　1/16　印张 13¾　字数 307 千字　2022 年 1 月北京第 1 版第 3 次印刷

购书咨询:010-64518888　　　　售后服务:010-64518899
网　　址:http://www.cip.com.cn
凡购买本书,如有缺损质量问题,本社销售中心负责调换。

定　　价:39.00 元　　　　　　　　　　　　　　　　　　版权所有　违者必究

前言

目前,环境监测在分析评价环境质量现状、污染治理实施的处理效果和竣工验收等方面发挥着关键作用,自从 2015 年我国推出环境污染第三方治理政策,逐步开放了环境检测市场,第三方环境检测机构进入环境监测领域后,环境监测人才的市场需求不断扩大。

环境监测人员在掌握监测技术过程中非常重要的一个环节是环境监测实验,只有通过不断的实验和实践,才能真正掌握监测样品的科学分析技术。 为了满足环境监测技术学习的需要,编者结合环境监测标准的更新和技术的发展编写了本书。

本书综合考虑环境质量监测和污染源监督性监测中的常规监测项目,并结合一般本科院校环境类实验室水平等方面的因素,设置了实验项目,包括水和废水监测实验 21 个,空气、土壤及其他监测实验 20 个,综合性和设计性实验 4 个,详细论述了各项目监测分析方法。 此外,书中涵盖了环境监测实验室安全守则、环境监测实验基本操作和常用仪器设备的使用方法等,这些是监测技术人员学习监测实验技术之前必须掌握的内容。 学习这些内容有利于监测人员进一步巩固知识,规范操作。 环境监测实验质量保证阐述了监测人员监测分析过程中必须遵循的原则,以保证监测数据准确可靠。

本书历经了三年的编写和修改,但由于编者水平有限,书中疏漏和不妥之处在所难免,敬请各位读者批评指正。

编者

2017 年 9 月

目录

第一章 环境监测实验基础

第一节 环境监测实验室安全守则 / 001
第二节 环境监测实验基本操作 / 003
第三节 环境监测实验常用的仪器设备 / 007

第二章 环境监测实验质量保证

第一节 基本概念 / 014
第二节 监测分析方法的分类 / 017
第三节 数据分析与处理 / 018
第四节 水样的采集与保存 / 021
第五节 大气样品的采集 / 025

第三章 水和废水监测

实验一 悬浮物的测定 / 029
实验二 浊度的测定 / 031
实验三 色度的测定 / 033
 Ⅰ 铂钴标准比色法 / 033
 Ⅱ 稀释倍数法 / 035
实验四 化学需氧量的测定 / 037
 Ⅰ 重铬酸钾法 / 037
 Ⅱ 快速消解分光光度法 / 041
实验五 五日生化需氧量（BOD_5）的测定 / 047
实验六 高锰酸盐指数的测定 / 054

实验七　溶解氧的测定 / 057
　　Ⅰ 碘量法 / 057
　　Ⅱ 电化学探头法 / 060
实验八　氨氮的测定 / 064
实验九　总氮的测定 / 069
　　Ⅰ 气相分子吸收光谱法 / 069
　　Ⅱ 碱性过硫酸钾消解紫外分光光度法 / 072
实验十　总磷的测定 / 076
实验十一　酸度的测定 / 079
实验十二　碱度的测定 / 081
实验十三　氟化物的测定 / 085
实验十四　游离氯和总氯的测定 / 088
实验十五　氯化物的测定 / 092
实验十六　总铬的测定 / 095
　　Ⅰ 高锰酸钾氧化-二苯碳酰二肼分光光度法 / 095
　　Ⅱ 硫酸亚铁铵滴定法 / 098
实验十七　挥发酚的测定 / 100
　　Ⅰ 4-氨基安替比林直接分光光度法 / 100
　　Ⅱ 4-氨基安替比林萃取分光光度法 / 104
实验十八　总大肠菌群的测定 / 106
实验十九　粪大肠菌群的测定 / 112
实验二十　细菌菌落总数的测定 / 114
实验二十一　苯系物的测定 / 117

第四章　空气、土壤及其他监测

实验一　空气质量监测——TSP的测定 / 123
实验二　空气质量监测——SO_2的测定 / 125
实验三　空气质量监测——NO_x的测定 / 131
实验四　空气中PM_{10}和$PM_{2.5}$的测定 / 136
实验五　空气中一氧化碳的测定 / 138
实验六　空气中臭氧的测定 / 141
实验七　空气飘尘中苯并[a]芘的测定 / 145
实验八　室内空气质量监测——甲醛的测定 / 148
实验九　室内空气质量监测——苯系物的测定 / 151
实验十　室内空气质量监测——总挥发性有机物的测定 / 156
实验十一　土壤中有机氯农药残留量的测定 / 159

实验十二　土壤中总铬的测定 / 162
实验十三　工业废渣渗滤模型实验 / 165
实验十四　头发中汞含量的测定 / 167
实验十五　茶叶中铜含量的测定 / 169
实验十六　金鱼毒性实验 / 171
实验十七　苹果中有机磷农药残留量的测定 / 174
实验十八　城市区域环境噪声测量 / 178
实验十九　城市道路交通噪声测量 / 181
实验二十　工业企业厂界噪声测量 / 182

第五章　综合性和设计性实验

实验一　某河流水质监测与评价 / 186
实验二　城市污水处理效果监测与评价 / 188
实验三　校园空气质量监测与评价 / 190
实验四　室内空气质量监测与评价 / 192

附录

附录一　地表水环境质量标准 / 196
附录二　污水综合排放标准 / 199
附录三　环境空气质量标准 / 203
附录四　室内空气质量标准 / 205
附录五　水中氧的溶解度与温度、大气压和盐分的关系 / 206
附录六　大气采样器流量校准方法 / 209

参考文献

第一章 环境监测实验基础

第一节 环境监测实验室安全守则

一、实验室安全规则

在进行环境监测实验时，经常用到具有腐蚀性、易燃、易爆或有毒的化学试剂，易损的玻璃仪器和某些精密仪器，同时还会使用各种热电设备、高压或真空等器具和燃气、水电等。如果不按照规则操作，就有可能造成中毒、火灾、爆炸、触电等事故。因此，为确保实验的正常进行和实验人员的安全，必须严格遵守实验室的安全规则。

① 禁止携带食物或饮品进入实验室，以防止实验室的有毒、有害物质通过饮食进入人体内，离开实验室之前要用肥皂洗手。

② 实验前，应了解所用药品的毒性和防护措施。涉及有毒气体的操作（如 H_2S、Cl_2、Br_2、NO_2、浓 HCl 和 HF 等）应在通风橱内进行。苯、四氯化碳、乙醚、硝基苯等的蒸气会引起中毒，也应在通风良好的情况下使用。

③ 许多有机溶剂如乙醚、丙酮、乙醇、苯等非常容易燃烧，大量使用时室内不能有明火、电火花或静电放电。这类药品在实验室内不可存放过多，使用后还要及时回收处理，不可倒入下水道，以免聚集引起火灾。

④ 浓酸、浓碱具有很强的腐蚀性，使用时，切勿洒在桌面、地面、皮肤和衣服上，尤其不要溅入眼睛中。稀释浓硫酸时，应将浓硫酸慢慢倒入水中，而不能逆向操作。

⑤ 禁止用手直接取用任何化学药品，使用毒物时除用药匙、量器外，必须佩戴橡胶手套，原则上应避免药品与皮肤接触，实验后应立即清洗仪器，并用肥皂洗手。

⑥ 配制的试剂瓶要贴标签，注明药品名称、浓度、配制日期等。剧毒药品必须严格遵守保管和使用制度。倾倒试剂时，手掌要遮住标签，以保证标签的完整。试剂一经倒出，严禁倒回。

⑦ 实验中要防止触电，不要用湿手接触电器，电器的电源裸露部分应有绝缘装置（例如电线接头处应裹上绝缘胶布）。实验时，应先连接好电路再接通电源。实验结束后，应先切断电源再拆线路。

⑧ 不要一个人单独在实验室工作，同事（或同学）在场可以保证紧急情况下互相救助。一般不应把实验室的门关上。

⑨ 实验完毕，必须洗净双手。

二、意外事故处理

① 起火后，要立即组织灭火，同时，尽快移开可燃物并切断电源，以防火势扩大。一般的小火，可用湿布、石棉布或砂子覆盖燃烧物灭火。火势较大时可用灭火器灭火，但要注意电器设备所引起的火灾，不能使用泡沫灭火器，以免触电，可选用二氧化碳或四氯化碳灭火器。若实验室人员衣服着火时，应立即脱下衣服或用石棉布覆盖着火处，火势较大时，应立即卧地打滚。

② 强酸溅在皮肤上时，立即用大量水冲洗，然后用5%的碳酸氢钠溶液或10%的氨水清洗伤处。强酸溅入眼里时，要先用水冲洗，然后用3%的碳酸氢钠溶液冲洗，随即送往医院治疗。氢氟酸灼伤时，立即用水冲洗，再用冰冷的饱和硫酸镁清洗并包扎。要防止氢氟酸浸入皮下和骨骼中。

③ 强碱溅在皮肤上时，先用大量水冲洗，然后用2%的硼酸或2%的醋酸冲洗，严重灼伤需送往医院治疗。

④ 火伤：一度灼伤（皮肤发红），涂上95%的酒精并用浸湿纱布盖于伤处，或用冷水止痛；二度灼伤（皮肤发泡），除上述方法外，还可用3%～5%的高锰酸钾或5%的新制丹宁溶液，用纱布浸湿包扎；三度灼伤（皮肤焦破），用消毒棉包扎后送往医院治疗。

⑤ 割伤：玻璃割伤，先将碎玻璃从伤口中取出，然后擦上消炎灭菌药物，包扎好。如伤口较大，应送往医院包扎治疗。

⑥ 被氢氰酸灼伤后，先用高锰酸钾溶液洗，再用硫化氨溶液洗。

⑦ 被硝酸银、氯化锌灼伤后，先用水冲洗，再用碳酸氢钠溶液（50g/L）清洗，然后涂上油膏及磺胺粉。

⑧ 被磷（三氯化磷、三溴化磷、五氯化磷、五溴化磷）灼伤后，先用硫酸铜溶液（10g/L）洗去残余的磷，再用1:1000的高锰酸钾溶液湿敷，外面再涂以保护剂，禁用油质敷料，然后用绷带包扎。

⑨ 甲醛触及皮肤时，可用水冲洗后，再用酒精擦洗，最后涂上甘油。

⑩ 碘触及皮肤时，可用淀粉（如米饭等）涂擦，这样可以减轻疼痛，也能褪色。

⑪ 被铬酸灼伤后，先用大量清水冲洗，再用硫化氨溶液洗。

⑫ 吸入刺激性或有毒气体，如氯气、氯化氢气体时，可吸入少量酒精和乙醚的混合蒸气以解毒。吸入硫化氢或一氧化碳气体而感到不适时，应立即到户外呼吸新鲜空气。

⑬ 触电：首先切断电源，然后在必要时进行人工呼吸。

第二节 环境监测实验基本操作

环境监测实验操作之前,要先按照监测分析方法的要求制备纯水,清洗所使用的玻璃仪器,再配制相应的试剂溶液。

一、纯水的制备

1. 纯水的等级

实验室纯水应为无色透明的液体,其中不得有肉眼可辨的颜色与纤絮杂质。实验室纯水可分为以下三个等级。

(1) 一级水

一级水不含有溶解杂质或胶态有机物。它可用二级水经进一步处理制得。例如可将二级水经过再蒸馏、离子交换混合床、0.2μm 滤膜过滤等方法处理,或用石英蒸馏装置做进一步蒸馏制得。一级水用于制备标准水样或超痕量物质的分析。

(2) 二级水

二级水常含有微量的无机、有机或胶态物质。可用蒸馏、电渗析或离子交换法制得的水进行再蒸馏的方法制备。二级水用于精确分析和研究工作。

(3) 三级水

三级水适用于一般实验工作。可用蒸馏、电渗析或离子交换等方法制备。

实验室纯水的原料水应当是饮用水或比较干净的水,如有污染或空白达不到要求,必须进行纯化处理。实验室用水应符合表 1-1 的规定。

表 1-1 实验室纯水的质量指标

指标名称	一级水	二级水	三级水
pH 值范围(25℃)	—	—	5.0~7.5
电导率(25℃)/(μS/cm)	≤0.1	≤1.0	≤5.0
可氧化物的限度试验	—	符合	符合
吸光度(254nm,1cm 光程)	≤0.001	≤0.01	
二氧化硅/(mg/L)	≤0.02	≤0.05	

2. 纯水的制备方法

(1) 蒸馏法

蒸馏法是将原水加热蒸发,再冷凝下来,以除去水中离子,制得纯水的方法。这种方法利用杂质与水的沸点不同,不能与水蒸气一同蒸发而达到水与杂质分离的目的。水中杂质分为不挥发性和挥发性两类;不挥发性杂质,大多数是无机盐、碱和某些有机化合物,用蒸馏法可除去这些不挥发性杂质；挥发性杂质，包括溶解在水中的气体、多种酸、有机物和完全或部分转入馏出液中的某些盐的分解产物。

用蒸馏法制备无离子纯水的优点是操作简单，可以除去非离子杂质和离子杂质。缺点是设备要求高，产量很低而成本又高。

制备纯水的蒸馏器将影响纯水的质量。利用铜或其他金属制成的蒸馏器，制得的蒸馏水中所含的金属杂质，例如铜、锡等常多于原水，不适用于痕量元素的分析。使用硬质玻璃制成的蒸馏器，全部磨口连接，所制得的蒸馏水比较纯净，适用于一般用途。石英蒸馏器所得到的蒸馏水更为纯净，适用于所有痕量元素的测定工作。

(2) 去离子水

利用离子交换树脂中可游离交换的离子与水中离子的相互交换作用，将水中各种离子除去或减少到一定程度，所获得的水为去离子水。

首先，使用自来水制备去离子水，先将原水充分曝气，夏季约 1d，冬季约 3d，待其中余氯除尽再流入树脂床。

其次，将潮湿的新树脂在空气中晾干，用 95% 乙醇浸泡 4h 并不断搅拌，用水漂洗至无乙醇气味后，再漂洗 1~2 次，然后进行以下处理：强酸性阳离子交换树脂，先用 5%~10% 盐酸浸泡 1d，并不时搅拌，用倾斜法以蒸馏水洗涤树脂至洗液不呈色，然后将树脂带水一起装入柱中；强碱性阴离子交换树脂，先用水浸泡 1d，将树脂带水一起装入柱中，用 5% 盐酸溶液淋洗，直至流出液检测不出 Fe^{3+}，然后用水洗涤至中性，再用 4%~6% 氢氧化钠溶液淋洗，至流出液中检测不出 Cl^-，最后用蒸馏水洗至 pH 约为 7 即可使用。

最后，将阳离子交换树脂和阴离子交换树脂分别装柱，按水流顺序，设前 3 支为阳离子交换树脂，后 3 支为阴离子交换树脂，然后调节进水量大小，使自来水依次进入离子交换树脂，即得去离子水。离子交换树脂使用一段时间后需要再生，再生方法和预处理相同。

(3) 亚沸蒸馏法制取超纯水

亚沸蒸馏以光为能源，照射液体表面，使水从液面汽化蒸发，可避免沸腾时机械携带或沿表面蠕升的弊病。所得水质极纯，若空气及容器清洁可靠，可供超痕量分析或更严格的分析使用。

亚沸蒸馏装置由透明石英制成，国内已有生产。最简单的亚沸蒸馏装置是双瓶连通的亚沸蒸馏器，可用石英或特氟隆材料制成，形同试剂瓶，A 瓶为原装瓶，B 瓶为接受瓶，两瓶中间连通，以灯光为热源，加热 A 瓶。B 瓶置于冰水中，以凝集蒸汽为纯水。此装置为封闭系统，不与外界接触，若用以纯化酸类，不用在通风橱内，既不受环境污染，也不污染环境，设备简单易行。

(4) 电渗析法

在电渗析器的阳极板和阴极板之间交替排列若干张阴离子交换膜和阳离子交换膜，膜间保持一定间距形成隔室，在通直流电后水中离子定向迁移，阳离子移向阴极，阴离子移向阳极，阳离子只能透过阳离子交换膜，阴离子只能透过阴离子交换膜，在电渗析过程中能除去水中电解质杂质。电渗析法常与离子交换法联用，即先用电渗析法把水中大量离子除去，再用离子交换法除去剩余的少量离子，这样制得的纯水纯度很高。电渗析法的特点是设备可以自动化，仅消耗电能，不消耗酸碱，不产生废液等。

二、玻璃仪器的洗涤

1. 洗涤的要求和标准

环境监测实验中常用到各种玻璃仪器，如移液管、烧杯、量筒、容量瓶、锥形瓶等，实验时这些仪器干净与否直接影响到实验结果的准确性。玻璃仪器的洗涤不仅要求洗去污垢，还要求不能引入任何干扰离子。

玻璃仪器清洗干净的标准是用水冲洗后，仪器内壁能被水均匀润湿而不沾附水珠；晾干后，应不留水痕。如果仍有水珠沾附内壁，说明仪器还未被洗净，需要进一步清洗。已洗净的仪器不能再用布或纸擦，因为布或纸的纤维及其他杂质会污染器壁。

2. 洗涤的方法

洗涤仪器的方法很多，一般应根据实验的要求、污染物的性质、沾污的程度以及仪器的类型和形状来选择合适的洗涤方法。一般来说，玻璃仪器上的污染物既有可溶性物质，也有尘土和其他不溶性物质，还有油污和有机物质等。根据不同情况，分别采用下列洗涤方法。

（1）用水刷洗

用自来水和毛刷刷洗，可以除去仪器上的尘土、可溶性物质及部分易刷落下来的不溶性物质。

（2）用肥皂、合成洗涤剂或去污粉刷洗

对于有油污的仪器，可先用自来水冲洗掉可溶性物质，再用毛刷蘸取肥皂液或合成洗涤剂刷洗。去污粉由碳酸钠、白土和细砂等混合而成。使用时，首先将要洗的仪器用水润湿，洒上少许去污粉，然后用毛刷擦洗，这样利用砂子的摩擦作用、碱（碳酸钠）的去油污作用和白土的吸附作用即可将仪器上的大量油污或有机物质清洗干净。

（3）用洗液刷洗

对于某些油污较多、用上述方法洗不干净的仪器，或是口小、管细不便用毛刷刷洗的仪器，可选用洗液浸洗。如铬酸洗液，它是一种强氧化剂，去油污和有机物的能力特别强，但作用比较慢，因此须使器皿与洗液充分接触，浸泡数分钟至数小时。用铬酸洗液洗过的器皿，要用自来水充分清洗，一般要冲洗 7~10 次，最后用去离子水淋洗 3 次。用铬酸洗液洗过的器皿要特别注意吸附在器皿壁上的铬离子的干扰。铬酸洗液应贮存于磨口玻璃瓶中，以免吸收水分，用后仍倒入瓶中可继续使用。多次使用后洗液变为绿褐色，就不能再用。

铬酸洗液的配制方法：称取 100g 工业用重铬酸钾于烧杯中，加入约 100mL 水，微加热，使重铬酸钾溶解。放冷后慢慢加入工业用浓硫酸，边加边用玻璃棒搅拌，开始加入浓硫酸时有沉淀析出，继续加浓硫酸至沉淀刚好溶完为止。

(4) 用特殊试剂刷洗

对于某些已知组成的沾污物宜选用特殊试剂洗涤，效果更好。如测定金属离子时需用不同浓度［常用浓度为（1+9）］的硝酸溶液浸泡和洗涤玻璃仪器。如洗涤沾有氧化锰的容器，羟胺作用较快，其配方是：称取10g草酸或1g盐酸羟胺，溶于100mL（1+4）盐酸溶液中。

用上述方法洗去污染物的玻璃仪器，还必须用自来水冲洗数次，并用去离子水润洗2~3次后才能使用。

三、试剂的配制

实验中所用的试剂应根据要求选用规格，并按照规定浓度和需要量正确配制。

1. 化学试剂规格的选择

环境监测实验中所用试剂规格参照相关国家标准的要求进行选择，一般化学试剂分为三级，其规格见表1-2。

表1-2 化学试剂的规格

级别	名称	代号	标志颜色
一级品	保证试剂、优级纯	GR	绿色
二级品	分析试剂、分析纯	AR	红色
三级品	化学纯	CP	蓝色

一级品用于精密的分析工作，在环境分析中用于配制标准溶液；二级品常用于配制定量分析中的普通试剂，如无注明，环境监测所用试剂均应为二级或二级以上；三级品只能用于配制半定量、定性分析中的试剂和清洁剂等。

化学试剂除上述几个等级外，还有基准试剂、光谱纯试剂和超纯试剂等。基准试剂相当或高于优级纯试剂，专用作滴定分析的基准物质，用以确定未知溶液的准确浓度或直接配制标准溶液，其主成分含量一般在99.95%~100.0%，杂质总量不超过0.05%。光谱纯试剂主要用作光谱分析中的标准物质，其杂质用光谱分析法测不出或杂质低于某一限度，纯度在99.99%以上。超纯试剂又称高纯试剂，是用一些特殊设备如石英、铂器皿生产的。

2. 试剂的配制

① 计算：根据所需要配制试剂的浓度和体积，计算所需要的试剂质量。

② 称量：用电子天平称量所需要的试剂。

③ 溶解：用少量去离子水将试剂溶解于小烧杯中，并用玻璃棒搅拌，注意不能在容量瓶中溶解，如果溶解完溶质后溶液发热，要放置一会，冷却到常温再转移。

④ 转移：把上述溶液转移至容量瓶中，由于容量瓶瓶口较细，为避免溶液洒出，同

时不要让溶液在刻度线上沿瓶壁流下，须用玻璃棒引流；为保证溶质尽可能地转移到容量瓶中，应该用蒸馏水洗涤烧杯和玻璃棒2～3次，并将每次洗涤后的溶液都注入到容量瓶中，轻轻振荡容量瓶，使溶液充分混合。

⑤ 定容：加水到接近刻度线2～3cm时，改用胶头滴管加蒸馏水到刻度线，定容时要注意溶液凹液面的最低处和刻度线相切，眼睛视线与刻度线呈水平，不能俯视或仰视，否则会造成误差。

⑥ 摇匀：定容后的溶液浓度不均匀，要把容量瓶瓶塞塞紧，用食指顶住瓶塞，用另一只手的手指托住瓶底，把容量瓶倒转和摇动多次，使溶液混合均匀。

⑦ 把配制好的溶液倒入试剂瓶中，盖上瓶塞，贴上标签。

3. 试剂的贮存

配制好的试剂首先需贴上标签，包括名称、浓度、配制日期和配制人员等信息，以备核查追溯，然后按照规定要求妥善贮存，注意空气、温度、光、杂质的影响，一般贮存于0～4℃冰箱中。此外，要注意贮存时间，一般浓溶液稳定性较好，稀溶液稳定性较差。通常，较稳定的试剂，其10^{-3}mol/L溶液可贮存1个月以上，其10^{-4}mol/L溶液只能贮存一周，其10^{-5}mol/L溶液需当日配制，故许多试剂常配成浓的贮备液，临用时稀释成所需浓度。

第三节 环境监测实验常用的仪器设备

一、可见分光光度计

1. 简介

可见分光光度计是用于测量波长为380～780nm的范围内液体吸光度值的仪器，如上海佑科仪器仪表有限公司的721可见分光光度计（见图1-1）。

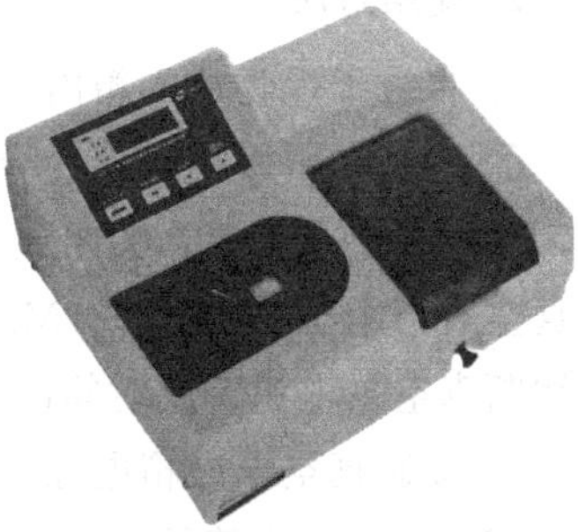

2. 使用方法

① 准备：接通电源开关，打开样品室的箱盖，使光电管在无光照射的情况下预热30min；旋转波长调节按钮，选择需要的波长。

② 调"0"和"100%"：打开样品室的箱盖，在样品架的第一格和第二格中分别放入黑体和蒸馏水样（溶液装入4/5高度），盖上箱盖；按"MODE A/T/C/F"键，调节至透光度挡，此时显示屏左侧"T"灯亮，按下"0%T▼"键，调节零点，显示屏显示"0.000"；然后向外拉试样架拉手，使第二格的蒸馏水样置于光路上，按"100%T

图1-1 721可见分光光度计

▲"键，调节100%，显示屏显示"100.0"。

③ 样品测定：打开样品室的箱盖，在样品架的第二格和第三格中分别放入蒸馏水样和空白样，盖上箱盖；按下"MODE A/T/C/F"键，调节至吸光度挡，此时显示屏左侧"A"灯亮，显示屏显示"0.000"，然后向外拉试样架拉手，使第三格的空白样置于光路上，待显示屏的数据稳定后，读出吸光度值 A_0；更换第三格为待测水样，用同上方法测出吸光度值为 A_1，读数后立即打开样品室的箱盖。

④ 计算：$A_样=A_1-A_0$，然后将 $A_样$ 代入校准曲线方程，计算出待测样品的浓度。

3. 注意事项

① 比色皿一定要洗净，使用时也不要拿透光面，只能拿毛玻璃的两面，并且必须用擦镜纸擦干，以保护透光面不受损坏和产生斑痕。比色皿放在比色皿架上时一定要放正，不能倾斜，使用完毕及时洗净放回原处。

② 为了消除比色皿之间的差异，空白样和样品用同一个比色皿。

③ 需要大幅度改变波长时，先调节波长，再稍等片刻（因为钨丝灯在急剧改变亮度后，需要一段热平衡时间），待指针稳定后再调整 T 值为 0 和 100%。

④ 在比色皿装液前，用所装溶液冲洗 1～3 次，以免改变溶液的浓度。比色皿在放入样品架时，应尽量使他们的前后位置一致，以减少测量误差。

⑤ 仪器使用半年左右或搬动后，要校正波长。

二、真空干燥箱

1. 简介

真空干燥箱是在真空条件下对各类物品进行热处理的仪器，是专为干燥热敏性、易分解和易氧化物质而设计的。如北京中兴伟业仪器有限公司生产的 DZF-1020 型真空干燥箱（见图 1-2），温度范围是 10～200℃，功率为 300W，真空度＜133Pa。

2. 使用方法

① 将被干燥物放入箱内，关上箱门并旋紧手柄。

② 将真空干燥箱后面的导气管用橡胶管与真空泵连接，接通真空泵电源，关闭放气阀，并开启真空阀抽气，当真空表指示值达到 -0.1MPa 时，先关闭真空阀，然后切断真空泵电源，此时箱内处于真空状态。

图 1-2　DZF-1020 型真空干燥箱

③ 接通真空干燥箱电源，打开电源开关，将温度控制仪设定至所需温度，当加热指示灯亮，真空干燥箱处于升温状态，当显示温度接近设定温度时，加热指示灯忽亮忽熄，控制进入恒温状态，真空干燥箱工作趋于正常。

④ 干燥结束后，应先关闭真空干燥箱电源，旋动放气阀，解除箱内真空，再打开箱门，取出物品。

3. 注意事项

① 真空干燥箱应放置在具有良好通风条件的室内，并经常保持箱内外清洁（切忌用化学溶液擦拭箱门玻璃），在其周围不可放置易燃易爆物品。

② 外壳须有效接地。

③ 真空干燥箱不需连续抽气使用时，应先关闭真空阀，再关闭真空泵电源，以免真空泵中的油倒灌至箱内。

④ 取出易氧化物品时，必须待温度冷却到室温后，才能放入空气。以免发生氧化反应。

三、马弗炉

1. 简介

马弗炉别名箱式电阻炉，是一种通用的加热设备。如北京中兴伟业仪器有限公司生产的 SRJX-8-13 型箱式电阻炉（见图 1-3），最高使用温度为 1300℃，功率为 8.0kW，电压为 380V。包括控温器和炉体两部分，炉体加热温度通过控温器进行控制。

图 1-3 SRJX-8-13 型箱式电阻炉

2. 使用方法

① 预热：接通电源，打开控制器开关通电后，上排显示测量值，下排显示设定值，进入标准显示模式；按"SEL"键，设定窗口字符闪动，按"∧"键或"∨"键，使下排显示为所需要的温度值；再按"RUN"键，启动编码使马弗炉通电，此时电流表、电压表有读数产生，温控表实测温度值逐渐上升，表示马弗炉、控温器均在正常工作。

② 样品加热：温度达到设定值后，将样品放入坩埚中，轻轻打开炉门，放入炉体中间位置，注意不要挨着加热棒，以免损坏。

③ 样品取出：加热一定时间后，取出坩埚，观察样品颜色，如果呈黑色，需要继续加热至灰白色，有机质才完全被氧化。停止加热，关闭电源，轻轻打开炉门，用坩埚钳取出样品，置入干燥皿中干燥冷却。从炉膛内取出样品时，应先微开炉门，待样品稍冷却后再小心夹取样品，防止烫伤。

3. 注意事项

① 使用时炉门要轻关轻开，以防损坏机件。坩埚钳取放样品时要轻拿轻放，以保证安全和避免损坏炉膛。

② 温度超过 600℃后不要打开炉门，等炉膛内温度自然冷却后再打开炉门。

③ 当马弗炉第一次使用或长期停用后再次使用时，必须进行烘炉。烘炉的时间应为室温至 200℃保持 4h，200～600℃保持 4h。使用时，炉温最高不得超过额定温度，以免

烧毁电热元件。禁止向炉内灌注各种液体和易溶解的金属，马弗炉最好在低于最高温度50℃以下工作，此时炉丝有较长的寿命。

四、离心机

1. 简介

离心机是利用离心机转子高速旋转产生的强大的离心力，将悬浮液中的固体颗粒与液体分开，或将乳浊液中两种密度不同又互不相溶的液体分开。上海安亭科学仪器厂制造的 TDL-50B 型台式离心机（见图 1-4），最大容量为 120mL，最高转速为 5000r/min。

2. 使用方法

① 离心前准备：离心机置于水平平台上，离心机套管底部要垫棉花或试管垫；样品数量要能够对称地放在转头中，以便使负载均匀地分布在转头的周围；用天平精密地平衡离心管及其内容物的质量，平衡时质量之差不得超过各离心机说明书上所规定的范围。

图 1-4　TDL-50B 型台式离心机

② 离心操作：接通电源，打开盖子，将平衡后的样品对称置于离心机转头中，通过"▲"键或"▼"键调节转速，设定离心时间，然后盖上离心机顶盖，按"运行"键，开始离心。离心时间一般为 1~2min，在此期间，实验者不得离开去做别的事。

③ 离心分离结束后，先关闭离心机，在离心机停止转动后，方可打开离心机顶盖，取出样品，不可用外力强制其停止运动。

3. 注意事项

① 装载溶液时，要根据待离心液体的性质和体积选用合适的离心管，有的离心管无盖，液体不得装得过多，以防离心时甩出，造成转头不平衡、生锈或被腐蚀。而超速离心机的离心管，则常常要求将液体装满，以免离心时塑料离心管的上部凹陷变形。

② 每次使用后，必须仔细检查转头，及时清洗、擦干，转头是离心机中须重点保护的部件，搬动时要小心，不能碰撞，避免造成伤痕，转头长时间不用时，要涂上一层上光蜡保护，严禁使用显著变形、损伤或老化的离心管。

五、pH 计

1. 简介

pH 计主要用来精密测量液体介质的酸碱度值，配上相应的离子选择电极也可以测量离子电极电位值（mV），如上海精密科学仪器有限公司生产的雷磁 PHS-3E 型 pH 计（见

图 1-5)，配 E-201-C 的 pH 复合电极，测量范围 pH＝0～14，精度 pH＝0.01，具有 pH 为 4.00、6.86、9.18 的三种标准缓冲溶液自动识别功能。

2. 使用方法

(1) 开机前准备

① 将 pH 复合电极安装在电极架上。

② 取下电极下端的电极保护套，并拉下电极上端的橡皮套使其露出上端小孔。

③ 用蒸馏水清洗电极。

图 1-5　PHS-3E 型 pH 计

(2) 仪器操作流程

接通电源，打开开关，在测量状态下，按"pH/mV"键切换进入 pH 值测定模式，按"温度"键设置当前的温度值，按"定位"键或"斜率"键标定电极斜率。

(3) 设置温度

PHS-3E 型 pH 计一般情况下不需要对温度进行设置，如果需要设置温度，应在不接温度电极的情况下进行。用温度计测出被测溶液的温度，然后按"温度▲"键或"温度▼"键调节显示值，使温度显示为被测溶液的温度，按"确认"键。按"pH/mV"键放弃设置，返回测量状态。

(4) 标定

仪器使用前首先要标定，一般情况下，在连续使用时，每天要标定一次。

本仪器具有自动识别标准缓冲溶液的能力，可以识别 pH 为 4.00、6.86、9.18 的三种标液，因此对于标准缓冲溶液，按"定位"键或"斜率"键后不必再调节数据，直接按"确认"键即可完成标定。

(5) 测量 pH

经标定过的仪器，即可用来测量被测溶液的 pH，如果采用温度传感器，即仪器接上温度电极时，将温度电极、pH 测量电极浸入被测溶液中，用玻璃棒搅拌溶液，使溶液均匀，在显示屏上读出溶液的 pH。测量结束，及时将电极保护套套上，电极保护套内应放少量外参比补充液，以保持电极球泡的湿润，切忌浸泡在蒸馏水中。

3. 注意事项

① 电极在测量前必须用已知 pH 的标准缓冲溶液进行定位校准，其 pH 越接近被测 pH 越好。

② 复合电极的外参比补充液为 3mol/L 氯化钾溶液，补充液可以从电极上端小孔加入，复合电极不使用时，拉上橡皮套，防止补充液干涸。

③ 电极应避免长期浸在蒸馏水、蛋白质溶液和酸性氟化物溶液中。

④ 电极经长期使用后，如发现斜率略有降低，则电极需要活化处理，即把电极下端浸泡在 4%HF（氢氟酸）中 3～5s，取出后用蒸馏水进行冲洗，然后在 0.1mol/L 的盐酸

溶液中浸泡数小时，用蒸馏水冲洗干净，再进行标定，即用 pH 为 6.86（25℃）的标准缓冲溶液进行定位，调节好后任意选择另一种缓冲溶液进行斜率调节（见表 1-3），如斜率仍偏低，则需更换电极。

表 1-3 缓冲溶液的 pH 与温度关系对照表

温度/℃	0.05mol/kg 邻苯二甲酸氢钾	0.025mol/kg 混合物磷酸盐	0.01mol/kg 四硼酸钠	温度/℃	0.05mol/kg 邻苯二甲酸氢钾	0.025mol/kg 混合物磷酸盐	0.01mol/kg 四硼酸钠
5	4.00	6.95	9.39	35	4.02	6.84	9.11
10	4.00	6.92	9.33	40	4.03	6.84	9.07
15	4.00	6.90	9.28	45	4.04	6.84	9.04
20	4.00	6.88	9.23	50	4.06	6.83	9.03
25	4.00	6.86	9.18	55	4.07	6.83	8.99
30	4.01	6.85	9.14	60	4.09	6.84	8.97

⑤ 被测溶液中如含有易污染敏感球泡或堵塞液接界的物质会使电极钝化，出现斜率降低，显示读数不准现象。如发生该现象，则应根据污染物质的性质，用适当溶液清洗，使电极复新。

六、电导率仪

1. 简介

电导率仪用于精确测量各种液体介质的电导率，上海雷磁的 DDS-307A 型电导率仪（见图 1-6），当接 0.10、0.1、1 和 10 四种规格常数的电导电极时，可以精确测量高纯水电导率，测量量程如表 1-4 所示。

图 1-6 DDS-307A 型电导率仪

表 1-4 电导率仪量程

电极常数/cm^{-1}	0.01	0.1	1	10
电导率仪量程/(μS/cm)	0~2.00	0.2~20.00	2~10000	10000~100000

2. 使用方法

① 预热：接通电源，打开仪器开关，仪器预热 30min 后，可进行测量。

② 温度的设置：DDS-307A 型电导率仪一般情况下不需要对温度进行设置，如果需要，应在不接温度电极的情况下，用温度计测出被测溶液的温度，然后按"温度▲"键或"温度▼"键，使仪器显示被测溶液的温度值。

③ 电极常数的设置：按下"电导率/TDS"键，选择电导率测量模式；每种电极具体的电极常数均粘贴在电导电极上，根据电极上所标的电极常数进行设置；按"电极常数"键，显示屏上显示的电极常数在 10、1、0.1、0.01 之间转换，如果电极标贴的电极常数为 0.96，则选择"1"并按"确定"键；再按"常数调节▼"键，使屏幕显示常数数值"0.96"，按"确认"键，完成电极常数的设置。

④ 测量：电极常数的选择可参考表 1-5，然后仪器接上电导电极、温度电极，用蒸馏水清洗电极头部，再用被测溶液清洗一次，将温度电极、电导电极浸入被测溶液中，用玻璃棒搅拌溶液使溶液均匀，在显示屏上读取溶液的电导率。

表 1-5 电极常数推荐表

电导率范围/(μS/cm)	0.05~2	2~200	200~2×10^5
推荐使用的电极常数/cm^{-1}	0.01、0.1	0.1、1.0	1.0

3. 注意事项

① 电极使用前必须放入蒸馏水中浸泡数小时，经常使用的电极应贮存在蒸馏水中。

② 为保证仪器的测量精度，在仪器使用前，应用该仪器对电极常数重新进行标定，同时应定期进行电极常数标定。标定方法：先配制一定浓度的 KCl 标准溶液，其电导率为 G，详见表 1-6，然后将电极浸入标准溶液中，读取仪器显示的电导率值 $G_{测}$，则该电极的电极常数为 $K=G/G_{测}$。

③ 为确保测量精度，电极使用前应用电导率<0.5μS/cm 的去离子水冲洗两次，然后用被测试样冲洗后方可测量。

④ 电极长期不用应贮存在干燥的地方。

表 1-6 KCl 标准溶液近似浓度及其电导率值关系

温度/℃	近似浓度/(mol/L)			
	1	0.1	0.01	0.001
	电导率/(mS/cm)			
15	92.12	10.455	1.1414	0.1185
18	97.80	11.163	1.2200	0.1267
20	101.70	11.644	1.2737	0.1322
25	111.31	12.852	1.4083	0.1465
35	131.10	15.351	1.6876	0.1765

第二章　环境监测实验质量保证

环境监测实验质量保证是整个监测过程的全面质量管理,是一种保证监测数据准确可靠的方法,也是科学管理实验室和监测系统的有效措施,它可以保证数据质量,使环境监测建立在可靠的基础之上。

第一节　基本概念

一、灵敏度

分析方法的灵敏度是指该方法对单位浓度或单位量的待测物质的变化所引起的响应量变化的程度。它可以用仪器的响应量或其他指示量与对应的待测物质的浓度或量之比来描述,因此常用校准曲线的斜率来度量灵敏度。灵敏度因实验条件而变。校准曲线的直线部分以公式表示

$$A = kc + a$$

式中　A——仪器的响应量;

　　　c——待测物质的浓度;

　　　a——校准曲线的截距;

　　　k——方法的灵敏度,k 值大,说明方法灵敏度高。

二、检出限

检出限指某一分析方法在给定的置信区间内可以从样品中检测出的待测物质的最小浓度或最小量。所谓"检出"是指定性检出,即断定样品中存在有浓度高于空白的待测物质。

检出限有几种规定，简述如下：

① 分光光度法中规定扣除空白值后，以吸光度为 0.01 相对应的浓度值为检出限。

② 气相色谱法中规定检测器产生的响应信号为噪声值的两倍时相对应的量为最小检测量。最小检测浓度是指最小检测量与进样量（体积）之比。

③ 离子选择性电极法规定，某一方法校准曲线直线部分的延长线与通过空白电位且平行于浓度轴的直线相交时，其交点所对应的浓度值即为检出限。

④《全球环境监测系统水监测操作指南》中规定，给定置信水平为 95% 时，样品浓度的一次测定值与零浓度样品的一次测定值有显著性差异者，即为检出限（L）。当空白测定次数 $n > 20$ 时

$$L = 4.6\sigma_{wb}$$

式中　σ_{wb}——空白平行测定（批内）标准偏差。

检测上限是指校准曲线直线部分的最高点（弯曲点）相应的浓度值。

三、测定限

1. 测定下限

在测定误差能满足预定要求的前提下，用特定方法能准确地定量测定待测物质的最小浓度或量，称为该方法的测定下限。

测定下限反映出分析方法能准确地定量测定低浓度水平待测物质的极限的可能性。在没有系统误差的前提下，它受精密度要求的限制。分析方法的精密度要求越高，测定下限高于检出限越多。

2. 测定上限

在测定误差能满足预定要求的前提下，用特定方法能够准确地定量测量待测物质的最大浓度或量，称为该方法的测定上限。

对于没有系统误差的特定分析方法，精密度要求不同，测定上限也将不同。

四、最佳测定范围

最佳测定范围又称有效测定范围，指在测定误差能满足预定要求的前提下，特定方法的测定下限到测定上限之间的浓度范围。在此范围内能够准确地定量测定待测物质的浓度或量。最佳测定范围应小于方法的适用范围。对测定结果的精密度要求越高，相应的最佳测定范围越小。

五、校准曲线

1. 概述

校准曲线是用于描述待测物质的浓度或量与相应的测量仪器的响应量或其他指示量之

间的定量关系的曲线。校准曲线的斜率常随环境温度、试剂批号和贮存时间等实验条件的改变而变动。因此，在测定试样的同时，绘制校准曲线最为理想。也可在测定试样的同时，平行测定零浓度和中等浓度标准溶液各两份，取均值相减后与原校准曲线上的相应点核对，其相对差值不得大于5%～10%，否则应重新绘制校准曲线。

2. 校准曲线的检查

（1）线性检查

线性检查即检查校准曲线的精密度，分光光度法一般要求其相关系数$|r|\geqslant 0.9990$，否则应找出原因并加以纠正，重新绘制合格的校准曲线。

（2）截距检查

截距检查即检验校准曲线的准确度，在线性检查合格的基础上，对其进行线性回归，得出回归方程$y=a+bx$。一般截距$a\leqslant 0.005$（减测试空白后计算）；当$a>0.005$时，将截距a与0做t检验，当置信水平为95%时，若无显著性差异，也为合格。a可做D处理，方程简化为$y=bx$。当a与0有显著性差异时，需从分析方法、仪器设备、量器、试剂和操作等方面查找原因，改进后重新绘制校准曲线。

（3）斜率检查

斜率检查即检验分析方法的灵敏度，方法灵敏度是随实验条件的变化而变化的。在完全相同的分析条件下，仅由于操作中的随机误差所导致的斜率变化不应超出一定的允许范围，此范围因分析方法的精密度不同而异。例如，一般而言，分子吸收分光光度法要求其相对差值小于5%，而原子吸收分光光度法要求其相对差值小于10%。

六、加标回收

测定样品的同时，在同一样品的子样中加入一定量的标准物质进行测定，测定结果减去样品的测定值，以计算回收率。

加标回收率的测定可以反映测试结果的准确度。当按照平行加标进行回收率测定时，所得结果既可以反映测试结果的准确度，也可以判断其精密度。

在实际测定过程中，将标准溶液加入到经过处理后的待测水样中的做法不够合理。尤其是测定有机污染成分而试样须经净化处理时，或测定挥发性酚、氨氮、硫化物等需要蒸馏预处理的污染成分时，该做法不能反映预处理过程中的沾污或损失情况，虽然回收率较好，但数据不够准确。

进行加标回收率测定时，还应注意以下几点：

① 加标物的形态应该和待测物的形态相同。

② 加标量应和样品中所含待测物的测量精密度范围相同，一般情况下作如下规定：加标量应尽量与样品中待测物含量相等或相近，并注意对样品体积的影响；当样品中待测物含量接近方法检出限时，加标量应控制在校准曲线的低浓度范围；在任何情况下加标量均不得大于待测物含量的3倍；加标后的测定值不应超出测量上限的90%；

当样品中待测物浓度高于校准曲线的中间浓度时，加标量应控制在待测物含量的 50%。

③ 由于加标样和样品的分析条件完全相同，其中干扰物质和不正确操作等因素所导致的效果相等。当以其测定结果之差计算回收率时，常不能准确反映样品测定结果的实际差错。

七、空白实验

空白实验又称空白测试，是用蒸馏水代替试样进行测定。其所加试剂和操作步骤与试样测定完全相同。空白实验应与试样测定同时进行。试样分析时仪器的响应值（如吸光度、峰高等）不仅是试样中待测物质的分析响应值，还包括所有其他因素，如试剂中杂质、环境和操作进程的沾污等的响应值。这些因素经常变化，为了了解他们对试样测定的综合影响，在每次测定时，均须做空白实验，空白实验所得的响应值称为空白实验值。空白实验对实验用水有一定的要求，即其中待测物质浓度应低于方法的检出限。当空白实验值偏高时，应全面检查空白实验用水、空白试剂、量器和容器是否沾污、仪器的性能以及环境状况等。

第二节 监测分析方法的分类

一、选择分析方法的原则

正确选择监测分析方法，是获得准确结果的关键因素之一。选择分析方法应遵循的原则是：灵敏度和准确度能满足测定要求，方法成熟，操作方便，易于普及，抗干扰能力好。根据上述原则，为使监测数据具有可比性，国际标准化组织（ISO）和各国在大量实践的基础上，对环境中的不同污染物质都编制了规范化的监测分析方法。

二、监测分析方法的分类

我国环境监测分析方法目前有三个层次：国家或行业标准方法、统一分析方法和等效方法。它们互相补充，构成完整的监测分析方法体系。

1. 国家或行业标准方法

我国已编制多项包括采样在内的标准分析方法，其成熟性和准确度好，是评价其他监测分析方法的基准方法，也是环境污染纠纷法定的仲裁方法。

2. 统一分析方法

统一分析方法是已经过多个单位实验验证，但尚欠成熟的方法，环境部门或其他部门建立起来经验证的适用方法。这种方法尚不成熟，但这些项目又急需测定，因此经过研究可作为统一方法予以推广，并在使用中不断完善，为上升为国家标准方法创造条件。

3. 等效方法

等效方法是指与以上两种方法的灵敏度、准确度具有可比性的分析方法。这类方法可采用新的技术，应鼓励有条件的单位先用起来，以推动监测技术的进步。但是，新方法必须经过方法验证和对比实验，证明其与标准方法或统一方法等效后才能使用。

第三节 数据分析与处理

一、数据修约规则

1. 有效数字

有效数字是指能够实际测量到的数字。有效数字由其前面所有的准确数字和最后一位估计的可疑数字组成，每一位数字都为有效数字。例如用滴定管进行滴定操作，滴定管的最小刻度是 0.1mL，如果滴定分析中用去标准溶液的体积为 15.35mL，前三位 15.3 是从滴定管的刻度上直接读出来的，而第四位 5 是估读出来的。显然，前三位是准确数字，第四位不太准确，称作可疑数字，但这四位都是有效数字。

有效数字与通常数学上一般数字的概念不同。一般数字仅反映数值的大小，而有效数字既反映测量数值的大小，又反映一个测量数值的准确程度。如果用分析天平称量药品时，称量的药品质量为 1.5643g，是 5 位有效数字。它不仅说明了试样的质量，也表明了最后一位 "3" 是可疑的。有效数字的位数说明了仪器的种类和精密程度。例如，用 "g" 作单位，分析天平可以精确到小数点后第四位数字，而用台秤只能精确到小数点后第二位数字。

2. 数字修约规则

在数据传递过程中，遇到测量值的有效数字位数不同时，必须舍弃一些多余的数字，以便于运算，这种舍弃多余数字的过程称为"数字修约过程"。有效数字修约应遵守《数值修约规则与极限数值的表示和判定》（GB/T 8170—2008）的有关规定，可总结为：四舍六入五考虑，五后非零则进一，五后皆零视奇偶，五前为偶应舍去，五前为奇则进一。数字修约时，只允许对原测量值一次修约到所要的位数，不能分次修约，例如 53.4546 修约为 4 位数时，应该为 53.45，不可以先修约为 53.455，再修约为 53.46。

3. 有效数字运算法则

各种测量、计算的数据需要修约时，应遵守下列规则。

(1) 加减法运算规则

加减法中，误差按绝对误差的方式传递，运算结果的有效数字位数应与各数据中小数点后位数最小的相同。运算时，可先比小数点后位数最少的数据多保留一位小数，进行加减，然后按上述规则修约。

(2) 乘除法

在乘除法中，有效数字的位数应与各数中相对误差最大的数据位数相同，即根据有效数字位数最少的数来进行修约，与小数点的位置无关。

(3) 乘方和开方

一个数据乘方和开方的结果，其有效数字的位数与原数据的有效数字位数相同。

(4) 对数

对数的有效数字位数仅取决于小数部分（尾数）数字的位数，整数部分只代表该数字的方次。

另外，求四个或四个以上测量数据的平均值时，其结果的有效数字位数增加一位；误差和偏差的有效数字通常只取一位，测定次数很多时，方可取两位，并且最多取两位，但在运算过程中先不修约，最后修约到要求的位数。

二、误差分析

监测中所得到的许多物理、化学和生物学数据，是描述和评价环境质量的基本依据，因此对数据的准确度有一定的要求。但是，由于分析方法、测量仪器、试剂药品、环境因素以及分析人员主观条件等方面的限制，使得测定结果与真实值不一致，在环境监测中存在误差。

1. 误差的分类

误差是分析结果（测量值）与真实值之间的差值。根据误差的性质和来源，可将误差分为系统误差和偶然误差。

(1) 系统误差

系统误差又称可测误差、恒定误差，是由分析测量过程中某些恒定因素造成的，系统误差在一定条件下具有重现性，并不因增加测量次数而减少。产生系统误差的原因有：方法误差、仪器误差、试剂误差、恒定的个人误差和环境误差等。系统误差可以通过采取不同的方法，如校准仪器、进行空白实验、对照实验、回收实验、制定标准规程等适当的校正减小或消除。

(2) 偶然误差

偶然误差又称随机误差或不可测误差，是由分析测定过程中各种偶然因素造成的。这些偶然因素包括测定时温度的变化、电压的波动、仪器的噪声、分析人员的判断能力等。

它们所引起的误差有时小、有时大、有时正、有时负,没有什么规律性,难以发现和控制。在消除系统误差后,在相同条件下多次测量,偶然误差遵从正态分布规律,当测定次数无限多时,偶然误差可以消除。但是,在实际的环境监测分析中,测定次数有限,从而使得偶然误差不可避免。要想减少偶然误差,需要适当增加测定次数。

2. 误差的表示方法

(1) 绝对误差和相对误差

绝对误差是测量值(x,单一测量值或多次测量的均值)与真实值(x_t)之差,绝对误差有正负之分。

$$绝对误差 = x - x_t$$

相对误差指绝对误差与真实值之比(常以百分数表示)

$$相对误差\ X = \frac{x - x_t}{x_t} \times 100\%$$

绝对误差和相对误差均能反映测定结果的准确程度,误差越小越准确。

(2) 绝对偏差和相对偏差

绝对偏差(d)是测定值与均值之差,即 $d_i = x_i - \overline{x}$。

相对偏差是绝对偏差与均值之比(常以百分数表示):相对偏差 $\frac{d}{\overline{x}} \times 100\%$。

(3) 标准偏差和相对标准偏差

标准偏差用 s 表示

$$s = \sqrt{\frac{1}{n-1}\sum_{i=1}^{n}(x_i - \overline{x})^2}$$

相对标准偏差:又称变异系数,是样本标准偏差在样本均值中所占的百分数,记为 C_V。

$$C_V = \frac{s}{\overline{x}} \times 100\%$$

三、监测结果的表述

监测数值反映客观环境的真实值,但真实值很难测定,总体均值可以认为接近真值,然而实际测定的次数是有限的,所以常用有限次的监测数据来反映真实值,其结果表达方式一般有以下几种。

1. 用算术平均数($\overline{x}$)代表集中趋势

测定过程中排除系统误差和过失误差后,只存在随机误差,根据正态分布的原理,限定的次数无限多($n \to \infty$)时的总体均值(μ)应与真值(x_t)很接近,但实际只能测定有限次数。因此样本的算术平均值是用集中趋势表达检测结果的最常用方式。

2. 用算术平均值和标准偏差表示测定结果的精密度($\overline{x} \pm s$)

算术平均值代表集中趋势,标准偏差表示离散程度。算术平均值代表性的大小与标准偏差的大小有关，即标准偏差大，算术平均值代表性小，反之亦然，所以检测结果常以 $(\bar{x} \pm s)$ 表示。

3. 用 $(\bar{x} \pm s, C_v)$ 表示结果

标准偏差大小还与所测均数水平或测量单位有关。不同水平或单位的测量结果之间，其标准偏差是无法进行比较的，而变异系数是相对值，所以在一定范围内用来比较不同水平或单位测定结果之间的变异程度。

第四节 水样的采集与保存

一、水样的采集

1. 采样前的准备

地表水、地下水、废水和污水采样前，要根据监测项目的性质和采样方法的要求，选择适宜材质的盛水容器和采样器，并清洗干净。对采样器材质的要求是：化学性能稳定，大小和形状适宜，不吸附预测组分，容易清洗并可反复使用。

2. 采样方法和采样器

采集表层水时，可用桶、瓶等容器直接采取，一般将其沉至水面下 0.3～0.5m 处采集。采集深层水样时，可用简易采水器、深层采水器、采水泵、自动采水器等。

3. 盛水器

盛水器（水样瓶）一般由聚四氟乙烯、聚乙烯、石英玻璃和硼硅玻璃等材料制成。通常，塑料容器常用作测定金属和无机物水样的容器；玻璃容器常用作测定有机物和生物类水样的容器。每个监测指标对水样容器的要求不尽相同。对于有些监测项目，如油类项目，盛水器往往作为采水器。

4. 水样类型

对于天然水体，为了采集具有代表性的水样，就要根据分析目的和现场实际情况来选择采集样品的类型和采样方法；对于工业废水和生活污水，应该根据生产工艺、排污规律和监测目的，针对其流量和浓度都随时间而变化的非稳态流体特性，科学、合理地设计水样的采集和采样方法。

（1）瞬时水样

瞬时水样是指在某一时间和地点从水体中随机采集的分散水样。当水体水质稳定，或其组分在相当长的时间或相当大的空间范围内变化不大时，瞬时水样具有很好的代表性；当水体组分和含量随时间和空间变化时，就应隔时、多点采集瞬时水样，分别进行分析，摸清水质的变化规律。

（2）混合水样

混合水样分为等时混合水样和等比例混合水样。前者是指在同一采样点按等时间间隔所采集的等体积瞬时水样混合的水样，这种水样在观察某一时段平均浓度时非常有用，但不适用于被测组分在贮存过程中发生明显变化的水样。后者是指在某一时段内，在同一采样点采集的水样量随时间和流量成比例变化的混合水样，即在不同时间依照流量大小按比例采集的混合水样，这种水样适用于流量和污染物浓度不稳定的水样。

（3）综合水样

把不同采样点同时采集的各个瞬时水样混合后所得到的样品称为综合水样。这种水样在某些情况下更具有实际意义。例如，当为几条废水河、渠建立综合处理厂时，以综合水样取得的水质参数作为设计的依据更为合理。

二、水样的保存

从采集到分析这段时间内，由于环境条件的改变、微生物新陈代谢活动和化学作用的影响，会引起水样某些物理参数和化学组分的变化。为将这些变化降低到最低程度，需要尽可能地缩短运输时间、尽快分析测定和采取必要的保护措施；有些项目必须在现场测定。

不能及时运输或尽快分析的水样，则应根据不同监测项目的要求，采取适宜的保存方法。水样的运输时间，通常以 24h 作为最大允许时间。最长贮放时间一般为：清洁水样 72h；轻污染水样 48h；严重污染水样 12h。

保存水样的方法有以下几种。

1. 冷藏或冷冻法

冷藏或冷冻的作用是抑制微生物活动，减缓物理挥发和化学反应速率。

2. 加入化学试剂保存法

（1）加入生物抑制剂

如在测定氨氮、硝酸盐氮、化学需氧量的水样中加入 $HgCl_2$，可抑制生物的氧化还原作用；对测定酚的水样，用 H_3PO_4 调节 pH 至 4 时，加入适量 $CuSO_4$，即可抑制苯酚菌的分解活动。

（2）调节 pH

测定金属离子的水样常用 HNO_3 酸化至 pH 为 1~2，既可防止重金属离子水解沉淀，又可避免金属离子被器壁吸附；测定氰化物或挥发性酚的水样加入 NaOH 调节 pH 至 12 时，使之生成稳定的酚盐等。

（3）加入氧化剂或还原剂

如测定汞的水样需加入 HNO_3（至 pH<1）和 $K_2Cr_2O_7$（0.05%），使汞保持高价态；测定硫化物的水样，加入抗坏血酸，可以防止被氧化；测定溶解氧的水样则需加入少量硫酸锰和碱性碘化钾固定（还原）溶解氧等。

应当注意，加入的保存剂不能干扰以后的测定；保存剂的纯度最好是优级纯；还应做相应的空白实验，对测定结果进行校正。

水样的保质期与多种因素有关，例如组分的稳定性、浓度、水样的污染程度等。表 2-1 列出了部分监测项目水样的保存方法和保存期。

表 2-1 部分监测项目水样的保存方法和保存期
（摘自 HJ 493—2009）

序号	监测项目	采样容器	保存方法和保存剂用量	保存期	最少采样量/mL	容器洗涤方法	备注
1	pH	P 或 G	—	12h	250	I	尽量现场测定
2	色度	P 或 G	—	12h	250	I	尽量现场测定
3	浊度	P 或 G	—	12h	250	I	尽量现场测定
4	DO	溶解氧瓶	加入硫酸锰，碱性 KI 叠氮化钠溶液，现场固定	24h	500	I	尽量现场测定
5	电导率	P 或 BG	—	12h	250	I	尽量现场测定
6	悬浮物	P 或 G	1～5℃暗处	14d	500	I	—
7	酸度	P 或 G	1～5℃暗处	30d	500	I	—
8	碱度	P 或 G	1～5℃暗处	12h	500	I	—
9	高锰酸盐指数	G	1～5℃暗处冷藏	2d	500	I	尽快分析
		P	−20℃冷冻	1月	500	—	
10	COD	G	用 H_2SO_4 酸化，使 pH≤2	2d	500	I	
		P	−20℃冷冻	1月	100	—	最长 6m
11	BOD_5	溶解氧瓶	1～5℃暗处冷藏	12h	250	I	—
		P	−20℃冷冻	1月	1000	—	冷冻最长可保持 6m
12	TOC	G	用 H_2SO_4 酸化，使 pH≤2；1～5℃冷藏	7d	250	I	—
		P	−20℃冷冻	1月	100	—	
13	氟化物	P	—	1月	200	—	—
14	氯化物	P 或 G	—	1月	100	—	—
15	总氰化物	P 或 G	加 NaOH 至 pH≥9，1～5℃冷藏	7d，如果硫化物存在，保存 12h	250	I	—
16	硫化物	P 或 G	水样充满容器。1L 水样中加 NaOH 至 pH=9，加入 5%抗坏血酸 5mL，饱和 EDTA3mL，滴加饱和 $Zn(Ac)_2$，至胶体产生，常温避光	24h	250	I	—

续表

序号	监测项目	采样容器	保存方法和保存剂用量	保存期	最少采样量/mL	容器洗涤方法	备注
17	硫酸盐	P 或 G	1~5℃冷藏	1月	200	—	—
18	溶解性正磷酸盐	P 或 G	1~5℃冷藏	1月	250		采样时现场过滤
18	溶解性正磷酸盐	P	−20℃冷冻	1月	250	—	—
19	总磷	P 或 G	用 H_2SO_4 酸化，HCl 酸化使 pH≤2	24h	250	Ⅳ	—
19	总磷	P	−20℃冷冻	1月	250	—	—
20	氨氮	P 或 G	用 H_2SO_4 酸化，至 pH≤2	24h	250	Ⅰ	—
21	硝酸盐氮	P 或 G	1~5℃冷藏	24h	250	Ⅰ	—
21	硝酸盐氮	P 或 G	HCl 酸化至 pH1~2	7d	250		
21	硝酸盐氮	P	−20℃冷冻	1月	250		
22	亚硝酸盐氮	P 或 G	1~5℃冷藏避光保存	24h	250	Ⅰ	
23	总氮	P 或 G	用 H_2SO_4 酸化，使 pH 为 1~2	7d	250	Ⅰ	
23	总氮	P	−20℃冷冻	1月	500		
24	铜、锌	P	1L 水样中加浓硝酸 10mL 酸化	14d	250	Ⅲ	—
25	铅、镉	P 或 G	1% HNO_3，如水样为中性，在 1L 水样中加浓硝酸 10mL 酸化	14d	250	Ⅲ	—
26	六价铬	P 或 G	NaOH,pH8~9	14d	250	酸洗Ⅲ	—
27	砷	P 或 G	1L 水样中加浓硝酸 10mL（DDTC 法，HCl 2mL）	14d	250	Ⅲ	使用氢化物技术分析砷用盐酸
28	汞	P 或 G	HCl,1%。如水样为中性,1L 水样中加浓盐酸 10mL	14d	250	Ⅲ	
29	油类	溶剂洗 G	用盐酸酸化至 pH≤2	7d	250	Ⅱ	—
30	挥发性有机物	G	用（1+10）HCl 调至 pH≤2，加入抗坏血酸 0.01~0.02g 除去残余氯；1~5℃冷藏避光保存	12h	1000	—	
31	酚类	G	1~5℃冷藏避光保存。用磷酸调 pH≤2，加入抗坏血酸 0.01~0.02g 除去残余氯	24h	1000	—	
32	邻苯二甲酸酯类	G	1~5℃避光保存。加入抗坏血酸 0.01~0.02g 除去残余氯	24h	1000	Ⅰ	

续表

序号	监测项目	采样容器	保存方法和保存剂用量	保存期	最少采样量/mL	容器洗涤方法	备注
33	杀虫剂(包括有机氯、有机磷、有机氮)	G(溶剂洗,带聚四氟乙烯瓶盖)或P(适用草甘膦)	1~5℃冷藏	萃取5d	1000~3000,不能用水样冲洗采样容器,水样不能充满容器	—	萃取应在采样后24h内完成
34	除草剂类	G	加入抗坏血酸0.01~0.02g除去残余氯;1~5℃冷藏避光保存	24h	1000	Ⅰ	
35	阴离子表面活性剂	P或G	1~5℃冷藏,用H_2SO_4酸化,使pH为1~2	2d	500	Ⅳ	不能用溶剂清洗
36	细菌总数大肠菌总数粪大肠菌	灭菌容器G	1~5℃	尽快(地表水、污水及饮用水)	—	—	取氯化或溴化过的水样时,所用的样品瓶消毒之前,按每125mL加入0.1mL 10%(质量分数)的硫代硫酸钠以消除氯或溴对细菌的抑制作用。对重金属含量高于0.01的水样,应在容器消毒之前,按每125mL加入0.3mL的15%(质量分数)的EDTA

注:1. P为聚乙烯瓶(桶),G为硬质玻璃瓶。
2. Ⅰ、Ⅱ、Ⅲ、Ⅳ表示四种洗涤方法,具体如下:

Ⅰ:洗涤剂洗一次,自来水洗三次,蒸馏水洗一次,对于采集微生物和生物采样容器,须经160℃干热灭菌2h。经灭菌的微生物和生物采样容器必须在两周内使用,否则应重新灭菌。经121℃高压蒸汽灭菌15min的采样容器,如不立即使用,应于60℃将瓶内冷凝水烘干,两周内使用。细菌检测项目采样时不能用水样冲洗采样容器,不能采混合水样,应单独采样2h后送实验室分析。

Ⅱ:洗涤剂洗一次,自来水洗两次,(1+3)HNO_3荡洗一次,自来水洗三次,蒸馏水洗一次。

Ⅲ:洗涤剂洗一次,自来水洗两次,(1+3)HNO_3荡洗一次,自来水洗三次,去离子水洗一次。

Ⅳ:铬酸洗液洗一次,自来水洗三次,蒸馏水洗一次。如果采集污水样品可省去蒸馏水清洗的步骤。

第五节 大气样品的采集

一、监测点的布设

1. 监测点周围环境要求

① 应采取措施保证监测点附近1000m内的土地使用状况相对稳定。

② 点式监测仪器采样口周围，监测光束附近或开放光程监测仪器发射光源到监测光束接收端之间不能有阻碍环境空气流通的高大建筑物、树木或其他障碍物。从采样口或监测光束到附近最高障碍物之间的水平距离，应为该障碍物与采样口或监测光束高度差的两倍以上，或从采样口至障碍物顶部与地平线夹角应小于30°。

③ 采样口周围水平面应保证270°以上的捕集空间，如果采样口一边靠近建筑物，采样口周围水平面应有180°以上的自由空间。

④ 监测点周围环境状况相对稳定，所在地质条件需长期稳定和足够坚实，所在地点应避免受山洪、雪崩、山林火灾和泥石流等局地灾害影响，安全和防火措施有保障。

⑤ 监测点附近无强大的电磁干扰，周围有稳定可靠的电力供应和避雷设备，通信线路容易安装和检修。

⑥ 区域点和背景点周边向外的大视野需360°开阔，1~10km方圆距离内应没有明显的视野阻断。

⑦ 监测点位设置在机关单位和其他公共场所时，应保证通畅、便利的出入通道和条件，在出现突发状况时，可及时赶到现场进行处理。

2. 采样口位置要求

① 对于手工采样，其采样口离地面的高度应在1.5~15m范围内。

② 对于自动监测，其采样口或监测光束离地面的高度应在3~20m范围内。

③ 对于路边交通点，其采样口离地面的高度应在2~5m范围内。

④ 在保证监测点具有空间代表性的前提下，若所选监测点位周围半径300~500m范围内建筑物平均高度在25m以上，无法按满足①、②的高度要求设置时，其采样口高度可以在20~30m范围内选取。

⑤ 在建筑物上安装监测仪器时，监测仪器的采样口离建筑物墙壁、屋顶等支撑物表面的距离应大于1m。

⑥ 使用开放光程监测仪器进行空气质量监测时，在监测光束能完全通过的情况下，允许监测光束从日平均机动车流量少于10000辆的道路、对监测结果影响不大的小污染源和少量未达到间隔距离要求的树木或建筑物上空穿过，穿过的合计距离，不能超过监测光束总光程长度的10%。

⑦ 当某监测点需设置多个采样口时，为防止其他采样口干扰颗粒物样品的采集，颗粒物采样口与其他采样口之间的直线距离应大于1m。若使用大流量总悬浮颗粒物（TSP）采样装置进行并行监测，其他采样口与颗粒物采样口的直线距离应大于2m。

⑧ 对于环境空气质量评价城市点，采样口周围至少50m范围内无明显固定污染源，为避免车辆尾气等直接对监测结果产生干扰，仪器采样口与交通道路之间最小间隔距离应按表2-2的要求确定。

⑨ 开放光程监测仪器的监测光程长度的测绘误差应在±3m内（当监测光程长度小于200m时，光程长度的测绘误差应小于实际光程的±1.5%）。

⑩ 开放光程监测仪器发射端到接收端之间的监测光束仰角不应超过15°。

表 2-2　仪器采样口与交通道路之间最小间隔距离

道路日平均机动车流量 （日平均车辆数）		≤3000	3000~6000	6000~15000	15000~40000	>40000
仪器采样口与交通 道路边缘之间 最小距离/m	PM_{10}、$PM_{2.5}$	25	30	45	80	150
	SO_2、NO_2、 CO 和 O_3	10	20	30	60	100

二、监测点位布设数量要求

我国环境空气质量评价城市点设置数量主要依据城市人口数量，见表 2-3，并要求对有自动监测系统的城市以自动监测为主，人工监测为辅；无自动监测系统的城市，以人工连续采样为主，辅以单机自动监测，便于解决缺少瞬时值的问题。表 2-3 中各采样点数中包括一个城市的主导风向上风向的区域背景采样点。

表 2-3　环境空气质量评价城市点设置数量要求

建成区城市人口/万人	<25	25~50	50~100	100~200	200~300	>300
建成区面积/km²	<20	20~50	50~100	100~200	200~400	>400
最少监测点数	1	2	4	6	8	按每 50~60km² 建成面积设 1 个监测点，并且不少于 10 个点

三、采样频率和采样时间

要获得 1h 平均浓度值，样品的采样时间应不少于 45min；要获得日平均浓度值，气态污染物的累计采样时间应不少于 18h，颗粒物的累计采样时间应不少于 12h。

四、采样质量保证

1. 连续采样质量保证

① 采样总管和采样支管应定期清洗，干燥后方可使用。采样总管至少每 6 个月清洗 1 次；采样支管至少每月清洗 1 次。

② 吸收瓶阻力测定应每月 1 次，当测定值与上次测定结果之差大于 0.3kPa 时，应做吸收效率测试（测试方法见 HJ/T 194—2017 附录 B），吸收效率应大于 95%。不符合要求者，不能继续使用。

③ 采样系统不得有漏气现象，每次采样前应进行采样系统的气密性检查。确认不漏气后，方可采样。

④ 临界限流孔的流量应定期校准，每月 1 次，其误差应小于 5%，否则，应进行清洗或更换新的临界限流孔，清洗或更换新的临界限流孔后，应重新校准流量。

⑤ 使用临界限流孔控制采样流量时，采样泵的有载负压应大于 70kPa，且 24h 连续

采样时，流量波动应不大于 5%。

⑥ 定期更换尘过滤膜，一般每周 1 次，及时更换干燥器中硅胶，一般干燥器硅胶有 1/2 变色者，需更换。

2. 间断采样质量保证

① 每次采样前，应对采样系统的气密性进行认真检查，确认无漏气现象后，方可进行采样。

② 应使用经计量检定单位检定合格的采样器。使用前必须经过流量校准，流量误差应不大于 5%；采样时流量应稳定。

③ 使用气袋或真空瓶采样时，使用前气袋和真空瓶应用气样重复洗涤 3 次；采样后，旋塞应拧紧，以防漏气。

④ 在颗粒物采样时，采样前应确认采样滤膜无针孔和破损，滤膜的毛面应向上。

⑤ 滤膜采集后，如不能立即称重，应在 4℃ 条件下冷藏保存；对分析有机成分的滤膜采集后应立即放入 －20℃ 冷冻箱内保存至样品处理前，为防止有机物的分解，不宜进行称重。

⑥ 使用吸附采样管采样时，采样前应做气样中污染物穿透实验，以保证吸收效率或避免样品损失。

⑦ 遇到对监测影响较大的雨雪天气及风速大于 8m/s 的天气条件时，不宜进行手工采样监测。

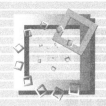

第三章　水和废水监测

◆ 实验一　悬浮物的测定 ◆

一、实验目的

掌握悬浮物的测定方法和步骤。

二、相关标准和依据

本方法主要依据 GB 11901—1989《水质　悬浮物的测定　重量法》。

三、实验原理

悬浮物（SS）是指水样经过过滤后留在过滤器上，并于 103~105℃烘至恒重后得到的物质，包括不溶于水的泥砂、各种污染物、微生物和难溶无机物等。测定的方法是在水样通过过滤器后，烘干固体残留物，将所称质量减去过滤器质量，即为悬浮物质量。

四、试剂和材料

蒸馏水或同等纯度的水。

五、实验仪器

1. 全玻璃微孔滤膜过滤器。
2. CN-CA 滤膜：孔径为 0.45μm、直径为 60mm。

3. 吸滤瓶、真空泵。
4. 无齿扁嘴镊子。

六、实验步骤

1. 水样的采集和保存

采集具有代表性的水样500~1000mL，盖严瓶塞。漂浮或浸没的不均匀固体物质不属于悬浮物质，应从水样中除去。水样采集后尽快分析测定，如需放置，应贮存在4℃冰箱中，但最长不得超过七天。

所用聚乙烯瓶或硬质玻璃瓶要用洗涤剂洗净，再依次用自来水和蒸馏水冲洗干净。在采样之前，再用即将采集的水样清洗三次。

2. 滤膜准备

用无齿扁嘴镊子夹取微孔滤膜放于事先恒重的称量瓶里，移入烘箱中于103~105℃烘干半小时后取出，置于干燥器内冷却至室温，称其质量。反复烘干、冷却、称量，直至两次称量的质量差≤0.2mg。将恒重的微孔滤膜正确地放在滤膜过滤器的滤膜托盘上，加盖配套的漏斗，并用夹子固定好。以蒸馏水湿润滤膜，并不断吸滤。

3. 测定

量取充分混合均匀的试样100mL抽吸过滤。使水分全部通过滤膜。再以每次10mL蒸馏水连续洗涤三次，继续吸滤以除去痕量水分。停止吸滤后，仔细取出载有悬浮物的滤膜放在原恒重的称量瓶里，移入烘箱中于103~105℃下烘干1h后移入干燥器中，冷却到室温，称其质量。反复烘干、冷却、称量，直至两次称量的质量差≤0.4mg。

注：滤膜上截留过多的悬浮物可能夹带过多的水分，除延长干燥时间外，还可能造成过滤困难，遇此情况，可酌情少取试样量。滤膜上悬浮物过少，则会增大称量误差，影响测定精度，必要时，可增大试样体积。一般以5~100mg悬浮物量作为量取试样体积的适用范围。

七、数据处理

1. 数据记录

表3-1　数据记录表

序号	滤膜+称量瓶质量/g	SS+滤膜+称量瓶质量/g	水样体积/mL
1			
2			

2. 计算

悬浮物含量 c （mg/L）按下式计算

$$c = \frac{(A-B) \times 10^6}{V}$$

式中 c——水中悬浮物浓度，mg/L；
　　A——悬浮物＋滤膜＋称量瓶质量，g；
　　B——滤膜＋称量瓶质量，g；
　　V——水样体积，mL。

八、思考题

1. 如何根据水样特点确定最小取样量。
2. 分析水样中悬浮物的测定结果与烘干时间的关系。

实验二　浊度的测定

一、实验目的

掌握分光光度法测定地表水浊度的方法和原理。

二、相关标准和依据

本方法主要依据 GB 13200—91《水质　浊度的测定》。

三、实验原理

在适当温度下，硫酸肼与六次甲基四胺聚合，形成白色高分子聚合物，以此作为浊度标准贮备液，在一定条件下与水样浊度相比较。水样应无碎屑和易沉降的颗粒物。

四、试剂和材料

1. 无浊度水：将蒸馏水通过 0.2μm 滤膜过滤，收集于用滤过水荡洗两次的烧瓶中。
2. 浊度标准贮备液

① 1g/100mL 硫酸肼溶液：称取 1.000g 硫酸肼 [$(N_2H_4)H_2SO_4$] 溶于水，定容至 100mL。

② 10g/100mL 六次甲基四胺溶液：称取 10.00g 六次甲基四胺 [$(CH_2)_6N_4$] 溶于水，定容至 100mL。

③ 浊度标准贮备液：吸取 5.00mL 硫酸肼溶液与 5.00mL 六次甲基四胺溶液于 100mL 容量瓶中，混匀。于 (25±3)℃下静置反应 24h。冷却后用水稀释至标线，混匀。

此溶液浊度为 400 度。可保存 1 个月。

五、实验仪器

1. 50mL 具塞比色管。
2. 分光光度计。

六、实验步骤

1. 水样的采集和保存

样品采集到具塞玻璃瓶中,取样后尽快测定。如需保存,可在冷暗处保存不超过 24h。测试前需激烈振摇并恢复到室温。

所有与样品接触的玻璃器皿必须清洁,可用盐酸或表面活性剂清洗。

2. 校准曲线的绘制

吸取浊度标准液 0、0.50、1.25、2.50、5.00、10.00、12.50mL,置于 50mL 的比色管中,加水至标线。摇匀后,即得浊度为 0、4、10、20、40、80、100 度的标准系列。于 680nm 波长下,用 30mm 比色皿测定吸光度,绘制校准曲线。

注:在 680nm 波长下测定,天然水中存在淡黄色、淡绿色无干扰。

3. 测定

吸取 50.0mL 摇匀水样(无气泡,如浊度超过 100 度可酌情少取,用无浊度水稀释至 50.0mL),于 50mL 比色管中,按绘制校准曲线步骤测定吸光度,在校准曲线上查得水样浊度。

七、数据处理

1. 校准曲线的绘制

将表 3-2 中的浊度对扣除空白后的吸光度做校准曲线,得出曲线方程。

表 3-2 校准曲线数据记录表

序号	1	2	3	4	5	6	7
浊度/度	0	4	10	20	40	80	100
吸光度							
扣除空白后吸光度	—						

2. 计算

将样品的吸光度扣除空白后代入校准曲线方程,计算出水样或稀释后水样的浊度值。如果水样经过稀释,按下式计算原水样的浊度值

$$浊度 = \frac{A(B+C)}{C}$$

式中　A——稀释后水样的浊度，度；
　　　B——稀释水体积，mL；
　　　C——原水样体积，mL。

八、思考题

1. 分析水样悬浮物测定和浊度测定的适用条件，水样测定中如何选择？
2. 浊度测定结果和稀释倍数是否有关？

实验三　色度的测定

Ⅰ　铂钴标准比色法

一、实验目的

1. 了解表色、真色的含义。
2. 掌握铂钴标准比色法测定色度的原理和方法。

二、相关标准和依据

本方法主要依据 GB 11903—89《水质　色度的测定》。适用于比较清洁的地面水、地下水和饮用水等。

三、实验原理

用氯铂酸钾和氯化钴配制颜色标准溶液，与被测样品进行目视比较，以测定样品的颜色强度，即色度，样品的色度以与之相当的色度标准溶液的度值表示。

测定澄清 15min 后样品的颜色。pH 对颜色有较大影响，在测定颜色时应同时测定 pH。

四、试剂和材料

1. 光学纯水：将 0.2μm 滤膜（细菌学研究中所采用的）在 100mL 蒸馏水或去离子

水中浸泡 1h，每次用它过滤 250mL 蒸馏水或去离子水，弃去最初的 250mL，以后用这种水配制全部标准溶液并作为稀释水。

2. 色度标准贮备液，相当于 500 度：将 (1.245±0.001)g 六氯铂（Ⅳ）酸钾（K_2PtCl_6）和 (1.000±0.001)g 六水氯化钴（Ⅱ）（$CoCl_2 \cdot 6H_2O$）溶于约 500mL 水中，加 (100±1)mL 盐酸（$\rho=1.18g/mL$）并在 1000mL 的容量瓶内用水稀释至标线。此溶液色度为 500 度，密封于玻璃瓶中，存放在暗处，温度不能超过 30℃。本溶液至少能稳定 6 个月。

五、实验仪器

1. 具塞比色管，50mL，规格一致，光学透明玻璃底部无阴影。
2. pH 计，精度±0.1。
3. 容量瓶，250mL。

六、实验步骤

1. 水样的采集和保存

将样品采集在容积至少为 1L 的玻璃瓶内，在采样后要尽早进行测定。如果必须贮存，应将样品贮于暗处。在有些情况下还要避免样品与空气接触。同时要避免温度的变化。

2. 水样的预处理

将样品倒入 250mL（或更大）量筒中，静置 15min，倾取上层液体作为水样进行测定。

3. 色度标准溶液的配制

向 50mL 比色管中加入 0、0.50、1.00、1.50、2.00、2.50、3.00、3.50、4.00、4.50、5.00、6.00、7.00mL 色度标准贮备液，并用水稀释至标线，混匀。各管溶液色度分别为：0、5、10、15、20、25、30、35、40、45、50、60、70 度。溶液存放在严密盖好的玻璃瓶中，存放在暗处，温度不能超过 30℃。这些溶液至少可稳定 1 个月。

4. 水样的测定

① 分别取 50.0mL 澄清透明水样于比色管中，如水样色度较大，可酌情少取水样，用水稀释至 50.0mL。

② 将水样与色度标准溶液进行目视比较。观测时，将具塞比色管放在白色表面上，比色管与该表面应呈合适的角度，使被反射的光线自具塞比色管底部向上通过液柱。垂直向下观察液柱，找出与水样色度最接近的标准溶液。

如色度≥70 度，用光学纯水将试样适当稀释后，使色度落入色度标准溶液范围之中再行测定。另取试样测定 pH。

七、数据处理

以色度的标准单位表示与水样最接近的标准溶液的值，在 0～40 度（不包括 40 度）的范围内，准确到 5 度。40～70 度范围内，准确到 10 度。

在记录样品色度的同时记录 pH。

稀释过的样品色度（A_0），以度计，用下式计算

$$A_0 = \frac{V_1}{V_0} A_1$$

式中 V_1——样品稀释后的体积，mL；

V_0——样品稀释前的体积，mL；

A_1——稀释样品色度的观察值，度。

Ⅱ 稀释倍数法

一、实验目的

掌握稀释倍数法测定色度的方法。

二、相关标准和依据

本方法主要依据 GB 11903—89《水质 色度的测定》，适用于受工业废水污染的地表水和工业废水色度的测定。

三、实验原理

将样品用光学纯水稀释至刚好看不见颜色时的稀释倍数作为表达颜色的强度，单位为倍。同时观察样品，检验颜色性质：颜色的深浅（无色、浅色或深色），色调（红、橙、黄、绿、蓝和紫等），如果可能包括样品的透明度（透明、浑浊或不透明）。用文字予以描述。结果以稀释倍数值和文字描述相结合表达。

四、试剂和材料

光学纯水。

五、实验仪器

1. 50mL 具塞比色管。
2. pH 计。

六、实验步骤

1. 水样的准备

将样品倒入 250mL（或更大）量筒中，静置 15min，倾取上层液体作为水样进行测定。

2. 水样的测定

① 分别取水样和光学纯水于具塞比色管中，充至标线，将具塞比色管放在白色表面上，具塞比色管与该表面应呈合适的角度，使被反射的光线自具塞比色管底部向上通过液柱。垂直向下观察液柱，比较样品和光学纯水，描述样品呈现的色度和色调，如果可能包括透明度。

② 将水样用光学纯水逐级稀释成不同倍数，分别置于具塞比色管中并充至标线。将具塞比色管放在白色表面上，用上述的方法与光学纯水进行比较。将试样稀释至刚好与光学纯水无法区别为止，记下此时的稀释倍数值。

稀释的方法：水样的色度在 50 倍以上时，用移液管适量吸取水样于容量瓶中，用光学纯水稀释至标线，每次取大的稀释比，使稀释后色度在 50 倍之内。

水样的色度在 50 倍以下时，在具塞比色管中取水样 25mL，用光学纯水稀释至标线，每次稀释倍数为 2。

水样或水样经稀释至色度很低时，应从具塞比色管向量筒中倒入适量水样并计量，然后用光学纯水稀释至标线，每次稀释倍数小于 2。记下各次稀释倍数值。

③ 另取试样测定 pH。

七、数据处理

1. 将逐级稀释的各次倍数相乘，所得之积取整数值，以此表达样品的色度。
2. 同时用文字描述样品的颜色深浅、色调，如果可能，包括透明度。
3. 记录样品色度的同时，记录 pH。

八、思考题

1. 为什么测色度时要测 pH？
2. 铂钴标准比色法和稀释倍数法测定水样色度各适用于什么情况？

实验四 化学需氧量的测定

Ⅰ 重铬酸钾法

一、实验目的

掌握重铬酸钾法测定化学需氧量的原理和方法。

二、相关标准和依据

本方法主要依据 HJ 828—2017《水质 化学需氧量的测定 重铬酸钾法》,适用于地表水、生活污水和工业废水中化学需氧量的测定,不适用于含氯化物浓度大于1000(稀释后)的水的化学需氧量的测定。

当取样体积为 10.0mL 时,检出限为 4mg/L,测定下限为 16mg/L。未经稀释的水样测定上限为 700mg/L,超过上限时须稀释后测定。

三、实验原理

在水样中加入已知量的重铬酸钾溶液,并在强酸介质下以银盐作催化剂,经沸腾回流后以试亚铁灵为指示剂,用硫酸亚铁铵滴定水样中未被还原的重铬酸钾,由消耗的硫酸亚铁铵的量换算成消耗氧的质量浓度。

在酸性重铬酸钾条件下,芳烃和吡啶难以被氧化,其氧化率较低。在硫酸银催化作用下,直链脂肪族化合物可有效地被氧化。无机还原性物质如亚硝酸盐、硫化物和二价铁盐等将使测定结果增大,其需氧量也是 COD_{Cr} 的一部分。

本方法的主要干扰物为氯化物,可加入硫酸汞溶液去除。经回流后,氯离子与硫酸汞结合成可溶性的氯汞配合物。硫酸汞溶液的用量可根据水样中氯离子的含量,按质量比 $m(HgSO_4):m(Cl^-) \geqslant 20:1$ 加入,最大加入量为 2mL(按照氯离子最大允许浓度 1000mg/L 计)。

四、试剂和材料

1. 硫酸银(Ag_2SO_4):化学纯。
2. 硫酸汞($HgSO_4$):化学纯。
3. 硫酸(H_2SO_4),$\rho=1.84g/mL$:优级纯。

4. 重铬酸钾（$K_2Cr_2O_7$）：基准试剂，取适量重铬酸钾在105℃烘箱中干燥至恒重。

5. 邻苯二甲酸氢钾（$KHC_8H_4O_4$）：基准试剂。

6. 七水合硫酸亚铁（$FeSO_4 \cdot 7H_2O$）。

7. 硫酸亚铁铵 $[(NH_4)_2Fe(SO_4)_2 \cdot 6H_2O]$。

8. 硫酸溶液（1+9）。

9. 硫酸银-硫酸溶液：向1L硫酸（$\rho = 1.84g/mL$）中加入10g硫酸银，放置1～2d使之溶解，并混匀，使用前小心摇动。

10. 重铬酸钾标准溶液

① 浓度为$c(1/6K_2Cr_2O_7) = 0.250mol/L$的重铬酸钾标准溶液：将12.258g在105℃干燥2h后的重铬酸钾溶于水中，稀释至1000mL。

② 浓度为$c(1/6K_2Cr_2O_7) = 0.0250mol/L$的重铬酸钾标准溶液：将上述的溶液稀释10倍而成。

11. 硫酸汞溶液，$\rho = 100g/L$：称取10g硫酸汞，溶于100mL硫酸溶液（1+9），混匀。

12. 硫酸亚铁铵标准溶液，$c[(NH_4)_2Fe(SO_4)_2 \cdot 6H_2O] \approx 0.05mol/L$

① 浓度$c[(NH_4)_2Fe(SO_4)_2 \cdot 6H_2O] \approx 0.05mol/L$的硫酸亚铁铵标准溶液：溶解19.5g硫酸亚铁铵$[(NH_4)_2Fe(SO_4)_2 \cdot 6H_2O]$于水中，加入10mL硫酸（$\rho = 1.84g/mL$），待其溶液冷却后稀释至1000mL。

② 每日临用前，必须用0.250mol/L重铬酸钾标准溶液准确标定此溶液的浓度，标定时应做平行双样。

取5.00mL重铬酸钾标准溶液（0.250mol/L）于锥形瓶中，用水稀释至约50mL，缓慢加入15mL浓硫酸（$\rho = 1.84g/mL$），混匀，冷却后，加3滴（约0.15mL）试亚铁灵指示剂，用硫酸亚铁铵（0.05mol/L）滴定，溶液的颜色由黄色经蓝绿色变为红褐色，即为终点。记录下硫酸亚铁铵的消耗量V（mL）。

③ 硫酸亚铁铵标准滴定溶液浓度的计算

$$c[(NH_4)_2Fe(SO_4)_2 \cdot 6H_2O] = \frac{5.00 \times 0.250}{V} = \frac{1.25}{V}$$

式中　V——滴定时消耗硫酸亚铁铵溶液的体积，mL。

④ 浓度为$c[(NH_4)_2Fe(SO_4)_2 \cdot 6H_2O] \approx 0.005mol/L$的硫酸亚铁铵标准溶液：将①中0.05mol/L的硫酸亚铁铵标准溶液稀释10倍，用重铬酸钾标准溶液（$c = 0.0250mol/L$）标定，其滴定步骤及浓度计算分别与②及③类同。

13. 邻苯二甲酸氢钾标准溶液，$c(KHC_8H_4O_4) = 2.0824mmol/L$

称取105℃时干燥2h的邻苯二甲酸氢钾0.4251g溶于水，并稀释至1000mL，混匀。以重铬酸钾为氧化剂，将邻苯二甲酸氢钾完全氧化的COD_{Cr}值为1.176g氧/g（即1g邻苯二甲酸氢钾耗氧1.176g），故该标准溶液的理论COD_{Cr}值为500mg/L。

14. 试亚铁灵指示剂溶液

1,10-菲绕啉（1,10-phenanathroline monohy drate，商品名为邻菲罗啉、1,10-菲罗

啉等）指示剂溶液，溶解 0.7g 七水合硫酸亚铁（$FeSO_4 \cdot 7H_2O$）于 50mL 的水中，加入 1.5g 1,10-菲绕啉，搅拌至溶解，加水稀释至 100mL。

15. 防爆沸玻璃珠。

五、实验仪器

1. 回流装置：带有 24 号标准磨口的 250mL 锥形瓶的全玻璃回流装置。回流冷凝管长度为 300～500mm。若取样量在 30mL 以上，可采用带有标准磨口 500mL 锥形瓶的全玻璃回流装置。见图 3-1。

2. 加热装置。

3. 25mL 或 50mL 酸式滴定管。

六、实验步骤

1. 样品的采集和保存

水样要采集于玻璃瓶中，应尽快分析。如不能立即分析时，应加入硫酸（$\rho = 1.84g/mL$）至 pH<2，置于 4℃下保存。但保存时间不多于 5d。采集水样的体积不得少于 100mL。将试样充分摇匀，取出 10.0mL 作为测试样品。

图 3-1 加热回流装置

2. COD_{Cr} 浓度 ≤ 50mg/L 的样品测定

（1）样品测定

取 10.0mL 水样于锥形瓶中，依次加入硫酸汞溶液（100g/L）、重铬酸钾标准溶液（0.0250mol/L）5.00mL 和几颗防爆沸玻璃珠，摇匀。硫酸汞溶液按质量比 $m(HgSO_4):m(Cl^-) \geq 20:1$ 的比例加入，最大加入量为 2mL。

将锥形瓶连接到回流装置冷凝管下端，从冷凝管上端缓慢加入 15mL 硫酸银-硫酸溶液，以防止低沸点有机物的逸出，不断旋动锥形瓶使之混合均匀。自溶液开始沸腾起保持微沸回流 2h。若为水冷装置，应在加入硫酸银-硫酸溶液之前通入冷凝水。

回流并冷却后，自冷凝管上端加入 45mL 水冲洗冷凝管，取下锥形瓶。

溶液冷却至室温后，加入 3 滴试亚铁灵指示剂溶液，用硫酸亚铁铵标准溶液（0.005mol/L）滴定，溶液的颜色由黄色经蓝绿色变为红褐色即为终点。记录硫酸亚铁铵的消耗体积 V_1。

注：样品浓度低时，取样体积可适当增加，同时其他试剂量也应按比例增加。

（2）空白实验

按（1）相同的步骤以 10.0mL 实验用蒸馏水代替水样进行空白实验，记录空白滴定时消耗硫酸亚铁铵标准溶液的体积 V_0。空白实验中硫酸银-硫酸溶液和硫酸汞溶液的用量应与样品中的用量保持一致。

3. COD_{Cr} 浓度 > 50mg/L 的样品测定

（1）样品测定

取 10.0mL 水样于锥形瓶中，依次加入硫酸汞溶液（100g/L）、重铬酸钾标准溶液（0.250mol/L）5.00mL 和几颗防爆沸玻璃珠，摇匀。硫酸汞溶液按质量比 $m[HgSO_4]:m[Cl^-] \geqslant 20:1$ 的比例加入，最大加入量为 2mL。

将锥形瓶连接到回流装置冷凝管下端，从冷凝管上端缓慢加入 15mL 硫酸银-硫酸溶液，以防止低沸点有机物的逸出，不断旋动锥形瓶使之混合均匀。自溶液开始沸腾起保持微沸回流 2h。若为水冷装置，应在加入硫酸银-硫酸溶液之前通入冷凝水。

回流并冷却后，自冷凝管上端加入 45mL 水冲洗冷凝管，取下锥形瓶。

溶液冷却至室温后，加入 3 滴试亚铁灵指示剂溶液，用硫酸亚铁铵标准溶液（0.05mol/L）滴定，溶液的颜色由黄色经蓝绿色变为红褐色即为终点。记录硫酸亚铁铵的消耗体积 V_1。

注：对于污染严重的水样，可选取所需体积 1/10 的水样放入硬质玻璃管中，加入 1/10 的试剂，摇匀后加热至沸腾数分钟，观察溶液是否变成蓝绿色。如呈蓝绿色，应再适当少取水样，直至溶液不变蓝绿色为止，从而确定待测水样的稀释倍数。

（2）空白实验

步骤同 COD_{Cr} 浓度 $\leqslant$ 50mg/L 空白实验。

七、数据处理

1. 计算

按下式计算样品中化学需氧量的质量浓度 ρ(mg/L)

$$\rho = \frac{c(V_0 - V_1) \times 8000}{V_2} \times f$$

式中　c——硫酸亚铁铵标准溶液的浓度，mol/L；

V_0——空白实验所消耗的硫酸亚铁铵标准溶液的体积，mL；

V_1——水样测定所消耗的硫酸亚铁铵标准溶液的体积，mL；

V_2——加热回流时所取水样的体积，mL；

f——样品稀释倍数；

8000——$1/4 O_2$ 的相对分子质量以 mg/L 为单位的换算值。

2. 结果表示

当 COD_{Cr} 测定结果小于 100mg/L 时保留至整数位；当测定结果大于或等于 100mg/L 时，保留三位有效数字。

八、注意事项

1. 消解时应使溶液缓慢沸腾，不宜爆沸。如出现爆沸，说明溶液中出现局部过热，会导致测定结果有误。爆沸的原因可能是加热过于激烈,或是防爆沸玻璃珠的效果不好。

2. 试亚铁灵指示剂的加入量虽然不影响临界点,但应尽量一致。当溶液的颜色先变为蓝绿色再变到红褐色即达到终点,几分钟后可能还会重现蓝绿色。

九、思考题

1. 若样品的 COD_{Cr} > 700mg/L 时,如何确定稀释倍数?
2. 若采用不同的稀释倍数测定结果不一致,数据该如何处理?

Ⅱ 快速消解分光光度法

一、实验目的

掌握快速消解分光光度法测定化学需氧量的原理和方法。

二、相关标准和依据

本方法主要依据 HJ/T 399—2007《水质 化学需氧量的测定 快速消解分光光度法》,适用于地表水、地下水、生活污水和工业废水中化学需氧量(COD)的测定。

本标准对未经稀释的水样,COD 测定下限为 15mg/L,测定上限为 1000mg/L,氯离子浓度不应大于 1000mg/L。对于化学需氧量(COD)大于 1000mg/L 或氯离子含量大于 1000mg/L 的水样,可经适当稀释后进行测定。

三、实验原理

试样中加入已知量的重铬酸钾溶液,在强硫酸介质中,以硫酸银作为催化剂,经高温消解后,用分光光度法测定 COD 值。

当试样中 COD 值为 100~1000mg/L,在 (600±20)nm 波长处测定重铬酸钾被还原产生的三价铬(Cr^{3+})的吸光度,试样中 COD 值与三价铬(Cr^{3+})的吸光度的增加值成正比例关系,将三价铬(Cr^{3+})的吸光度换算成试样的 COD 值。

当试样中 COD 值为 15~250mg/L,在 (440±20)nm 波长处测定重铬酸钾未被还原的六价铬(Cr^{6+})和被还原产生的三价铬(Cr^{3+})的两种铬离子的总吸光度;试样中 COD 值与六价铬(Cr^{6+})的吸光度减少值、三价铬(Cr^{3+})的吸光度增加值、总吸光度减少值成正比例,将总吸光度值换算成试样的 COD 值。

四、试剂和材料

1. 硫酸,$\rho(H_2SO_4)=1.84g/mL$。

2. 硫酸溶液(1+9):将100mL硫酸沿烧杯壁慢慢加入到900mL水中,搅拌混匀,冷却备用。

3. 硫酸银-硫酸溶液,$\rho(Ag_2SO_4)=10g/L$:将5.0g硫酸银加入到500mL硫酸[$\rho(H_2SO_4)=1.84g/mL$]中,静置1~2d,搅拌,使其溶解。

4. 硫酸汞溶液,$\rho(HgSO_4)=0.24g/mL$:将48.0g硫酸汞分次加入200mL硫酸溶液(1+9)中,搅拌溶解,此溶液可稳定保存6个月。

5. 重铬酸钾($K_2Cr_2O_7$):优级纯。

6. 重铬酸钾标准溶液

(1)重铬酸钾标准溶液,$c(1/6\ K_2Cr_2O_7)=0.500mol/L$

将重铬酸钾在(120±2)℃下干燥至恒重后,称取24.5154g重铬酸钾置于烧杯中,加入600mL水,搅拌下慢慢加入100mL硫酸[$\rho(H_2SO_4)=1.84g/mL$],溶解冷却后,转移此溶液于1000mL容量瓶中,用水稀释至标线,摇匀。溶液可稳定保存6个月。

(2)重铬酸钾标准溶液,$c(1/6\ K_2Cr_2O_7)=0.160mol/L$

将重铬酸钾在(120±2)℃下干燥至恒重后,称取7.8449g重铬酸钾置于烧杯中,加入600mL水,搅拌下慢慢加入100mL硫酸[$\rho(H_2SO_4)=1.84g/mL$],溶解冷却后,转移此溶液于1000mL容量瓶中,用水稀释至标线,摇匀。溶液可稳定保存6个月。

(3)重铬酸钾标准溶液,$c(1/6\ K_2Cr_2O_7)=0.120mol/L$

将重铬酸钾在(120±2)℃下干燥至恒重后,称取5.8837g重铬酸钾置于烧杯中,加入600mL水,搅拌下慢慢加入100mL硫酸[$\rho(H_2SO_4)=1.84g/mL$],溶解冷却后,转移此溶液于1000mL容量瓶中,用水稀释至标线,摇匀。溶液可稳定保存6个月。

7. 预装混合试剂

① 在一支消解管中,按表3-3的要求加入重铬酸钾溶液、硫酸汞溶液和硫酸银-硫酸溶液,拧紧盖子,轻轻摇匀,冷却至室温,避光保存。在使用前应将混合试剂摇匀。

表3-3 预装混合试剂及方法(试剂)标识

测定方法	测定范围/(mg/L)	重铬酸钾溶液用量/mL	硫酸汞溶液用量/mL	硫酸银-硫酸溶液用量/mL	消解管规格/mm
比色池(皿)分光光度法[①]	高量程 100~1000	1.00 (0.500mol/L)	0.50	6.00	φ20×120
					φ16×150
	低量程 15~250 或 15~150	1.00 (0.160mol/L 或 0.120mol/L)	0.50	6.00	φ20×120
					φ16×150

续表

测定方法	测定范围/(mg/L)	重铬酸钾溶液用量/mL	硫酸汞溶液用量/mL	硫酸银-硫酸溶液用量/mL	消解管规格/mm
比色管分光光度法[2]	高量程 100~1000	1.00mL 重铬酸钾溶液[c(1/6 $K_2Cr_2O_7$)=0.500mol/L]+硫酸汞溶液(2+1)		4.00	$\phi 16\times 120$[3]
					$\phi 16\times 100$
	低量程 15~150	1.00mL 重铬酸钾溶液[c(1/6 $K_2Cr_2O_7$)=0.120mol/L]+硫酸汞溶液(2+1)		4.00	$\phi 16\times 120$[3]
					$\phi 16\times 100$

① 比色池（皿）分光光度法的消解管可选用 $\phi 20mm\times 120mm$ 或 $\phi 16mm\times 150mm$ 规格的密封管，宜选 $\phi 20mm\times 120mm$ 规格的密封管；而在非密封条件下消解时，应使用 $\phi 20mm\times 150mm$ 的消解管。

② 比色管分光光度法的消解管可选用 $\phi 16mm\times 120mm$ 或 $\phi 16mm\times 100mm$ 规格的密封管，宜选 $\phi 16mm\times 120mm$ 规格的密封管；而在非密封条件下消解时，应使用 $\phi 16mm\times 150mm$ 的消解管。

③ $\phi 16mm\times 120mm$ 密封消解比色管冷却效果较好。

② 配制不含汞的预装混合试剂，用硫酸溶液（1+9）代替硫酸汞溶液，按照上述方法进行。

③ 预装混合试剂在常温避光条件下，可稳定保存 1 年。

8. 邻苯二甲酸氢钾 [C_6H_4(COOH)(COOK)]：基准级或优级纯。1mol 邻苯二甲酸氢钾 [C_6H_4(COOH)(COOK)] 可以被 30mol 重铬酸钾（1/6 $K_2Cr_2O_7$）完全氧化，其化学需氧量相当 30mol 的氧（1/2O）。

9. 邻苯二甲酸氢钾 COD 标准贮备液

（1）COD 值为 5000mg/L

将邻苯二甲酸氢钾在 105~110℃下干燥至恒重后，称取 2.1274g 邻苯二甲酸氢钾溶于 250mL 水中，转移此溶液于 500mL 容量瓶中，用水稀释至标线，摇匀。此溶液在 2~8℃下贮存，或在定容前加入约 10mL 硫酸溶液（1+9），常温贮存，可稳定保存 1 个月。

（2）COD 值为 1250mg/L

量取 50.00mL COD 标准贮备液（COD 值为 5000mg/L）于 200mL 容量瓶中，用水稀释至标线，摇匀。此溶液在 2~8℃下贮存，可稳定保存 1 个月。

（3）COD 值为 625mg/L

量取 25.00mL COD 标准贮备液（COD 值为 5000mg/L）于 200mL 容量瓶中，用水稀释至标线，摇匀。此溶液在 2~8℃下贮存，可稳定保存 1 个月。

10. 邻苯二甲酸氢钾 COD 标准系列使用溶液

（1）高量程（测定上限 1000mg/L）COD 标准系列使用溶液

COD 值分别为 100、200、400、600、800、1000mg/L。

分别量取 5.00、10.00、20.00、30.00、40.00、50.00mL 的 COD 标准贮备液（COD 值为 5000mg/L），加入到相应的 250mL 容量瓶中，用水定容至标线，摇匀。此溶液在 2~8℃下贮存，可稳定保存 1 个月。

（2）低量程（测定上限 250mg/L）COD 标准系列使用溶液

COD 值分别为 25、50、100、150、200、250mg/L。

分别量取 5.00、10.00、20.00、30.00、40.00、50.00mL COD 标准贮备液（COD 值为 1250mg/L），加入到相应的 250mL 容量瓶中，用水稀释至标线，摇匀。此溶液在 2～8℃下贮存，可稳定保存 1 个月。

（3）低量程（测定上限 150mg/L）COD 标准系列使用溶液

COD 值分别为 25、50、75、100、125、150mg/L。

分别量取 10.00、20.00、30.00、40.00、50、60.00mL COD 标准贮备液（COD 值为 625mg/L），加入到相应的 250mL 容量瓶中，用水稀释至标线，摇匀。此溶液在 2～8℃下贮存，可稳定保存 1 个月。

11. 硝酸银溶液，$c(AgNO_3)=0.1mol/L$。将 17.1g 硝酸银溶于 1000mL 水中。

12. 铬酸钾溶液，$p(K_2CrO_4)=50g/L$。将 5.0g 铬酸钾溶解于少量水中，滴加硝酸银溶液至有红色沉淀生成，摇匀，静置 12h，过滤并用水将滤液稀释至 100mL。

五、实验仪器

1. 消解管

① 消解管应由耐酸玻璃制成，在 165℃下能承受 600kPa 的压力，管盖应耐热耐酸，使用前所有的消解管和管盖均应无任何破损或裂纹。

② 首次使用的消解管，应按以下方法进行清洗，在消解管中加入适量的硫酸银-硫酸溶液 $[\rho(Ag_2SO_4)=10g/L]$ 和重铬酸钾溶液 $[c(1/6\ K_2Cr_2O_7)=0.500mol/L]$ 的混合液（6+1），也可用铬酸洗液代替混合液。拧紧管盖，在 60～80℃水浴中加热管子，手执管盖，颠倒摇动管子，反复洗涤管内壁。室温冷却后，拧开盖子，倒出混合液，再用水冲洗净管盖和消解管内外壁。

2. 加热器

① 加热器应具有自动恒温加热，计时鸣叫等功能，有透明且通风的防消解液飞溅的防护盖。

② 加热器加热时不会产生局部过热现象。加热孔的直径应能使消解管与加热壁紧密接触。为保证消解反应液在消解管内有充分的加热消解和冷却回流，加热孔深度一般不低于或高于消解管内消解反应液高度 5mm。

③ 加热器加热后应在 10min 内达到设定的（165±2）℃温度，其他指标及检验参照 JJG 975 的有关要求。

3. 分光光度计

（1）普通光度计

在测定波长处，可用普通长方形比色皿测定的光度计。

（2）专用光度计

在测定波长处，用固定长方形比色皿（池）测定 COD 值的光度计或用消解比色管测定 COD 值的光度计。宜选用消解比色管测定 COD 的专用分光计。

（3）性能校正

在正常工作时，比色池（皿）或消解比色管装入适量水调整吸光度值或COD值为0.000时，每隔1min，读取记录一次数据，20min内吸光度小于0.005或COD值变化小于6mg/L。光度计其他指标及检验参照JJG 975的有关要求。

4. 离心机

可放置消解比色管进行离心分离，转速范围为0～4000r/min。

六、实验步骤

1. 水样的采集和保存

水样采集不应少于100mL，应保存在洁净的玻璃瓶中。采集好的水样应在24h内测定，否则应加入硫酸 $[\rho(H_2SO_4)=1.84g/mL]$ 调节水样pH值至小于2。

2. 试样的制备

（1）水样氯离子的测定

在试管中加入2.00mL试样，再加入0.5mL硝酸银溶液，充分混合，最后加入2滴铬酸钾溶液，摇匀，如果溶液变红，氯离子溶液低于1000mg/L；如果仍为黄色，氯离子浓度高于1000mg/L。

（2）水样的稀释

应将水样在搅拌均匀时取样稀释，一般取被稀释水样不少于10mL，稀释倍数小于10倍。水样应逐次稀释为试样。

初步判定水样的COD浓度，选择对应量程的预装混合试剂，加入相应体积的试样，摇匀，在（165±2）℃加热5min，检查管内溶液是否呈现绿色，如变绿应重新稀释后再进行测定。

3. 测定条件的选择

① 宜选用比色管分光光度法测定水样中的COD，分析测定的条件如表3-3和表3-4所示。

表3-4　分析测定条件

测定方法	测定范围/(mg/L)	试样用量/mL	比色管或比色池（皿）规格/mm	测定波长/nm	检出限/(mg/L)
比色池(皿)分光光度法	高量程 100～1000	3.00	20①	600±20	22
	低量程 15～250 或 15～150	3.00	16①	440±20	3.0
比色管分光光度法	高量程 100～1000	2.00	$\phi16\times120$②	600±20	33
			$\phi16\times100$②		
	低量程 15～150	2.00	$\phi16\times120$②	440±20	2.3
			$\phi16\times100$②		

① 长方形比色池（皿）。
② 比色管为密封管，外径$\phi16mm$，壁厚1.3mm，长120mm密封消解比色管消解时冷却效果较好。

② 比色池（皿）分光光度法应选用$\phi20mm\times150mm$规格的消解管，消解时可在非

密封条件下进行。

③ 比色管分光光度法应选用 $\phi 16mm \times 150mm$ 规格的消解比色管，消解时可在非密封条件下进行。

4. 校准曲线的绘制

① 打开加热器，预热到设定的 (165 ± 2)℃。

② 选定预装混合试剂，摇匀试剂后再拧开消解管管盖。

③ 量取相应体积的 COD 标准系列溶液（试样）沿消解管内壁慢慢加入消解管中。

④ 拧紧消解管管盖，手执管盖颠倒摇匀消解管中溶液，用无毛纸擦净管外壁。

⑤ 将消解管放入 (165 ± 2)℃的加热器的加热孔中，加热器温度略有降低，待温度升到设定的 (165 ± 2)℃时，计时加热 15min。

⑥ 待消解管冷却至 60℃左右时，手执管盖颠倒摇动消解管几次，使消解管内溶液均匀，用无毛纸擦净管外壁，静置，冷却至室温。

⑦ 高量程方法在 (600 ± 20)nm 波长处，以水为参比液，用光度计测定吸光度值。

低量程方法在 (440 ± 20)nm 波长处，以水为参比液，用光度计测定吸光度值。

⑧ 高量程 COD 标准系列使用溶液 COD 值对应其测定的吸光度值减去空白实验测定的吸光度值的差值，绘制校准曲线。

低量程 COD 标准系列使用溶液 COD 值对应空白实验测定的吸光度值减去其测定的吸光度值的差值，绘制校准曲线。

5. 空白实验

用水代替试样，按照上述的步骤测定其吸光度值，空白实验应与试样同时测定。

6. 试样的测定

① 按照表 3-3 和表 3-4 的方法的要求选定对应的预装混合试剂，将已稀释好的试样搅拌均匀，取相应体积的试样。

② 按照上述校准曲线的绘制的步骤进行测定。

③ 当试样中含有氯离子时，选用含汞预装混合试剂进行氯离子的掩蔽。

在加热消解前，应颠倒摇动消解管，使氯离子同 Ag_2SO_4 易形成 AgCl 白色乳状块消失。

④ 若消解液浑浊或有沉淀，影响比色测定时，应用离心机离心变清后，再用光度计测定。

消解液颜色异常或离心后不能变澄清的样品不适用本测定方法。

⑤ 若消解管底部有沉淀影响比色测定时，应小心将消解管中上清液转入比色池（皿）中测定。

⑥ 测定的 COD 值由相应的校准曲线查得，或由光度计自动计算得出。

七、数据处理

在 (600 ± 20)nm 波长处测定时，水样 COD 的计算

$$\rho(\text{COD}) = n[k(A_s - A_b) + a]$$

在 (440±20)nm 波长处测定时，水样 COD 的计算

$$\rho(\text{COD}) = n[k(A_b - A_s) + a]$$

式中　$\rho(\text{COD})$——水样 COD 值，单位为 mg/L；

　　　n——水样稀释倍数；

　　　k——校准曲线灵敏度，(mg/L)/1；

　　　A_s——试样测定的吸光度值；

　　　A_b——空白实验测定的吸光度值；

　　　a——校准曲线截距，mg/L。

注：COD 测定值一般保留三位有效数字。

八、思考题

1. 采用重铬酸钾法和快速消解法测定同一个样品，是否有差别。
2. 消解管加热时出现迸溅现象，可能是什么原因导致的？

实验五　五日生化需氧量（BOD$_5$）的测定

一、实验目的

1. 掌握测定 BOD$_5$ 时样品的预处理方法。
2. 掌握稀释与倍数法测定 BOD$_5$ 的原理和方法。

二、相关标准和依据

本方法主要依据 HJ 505—2009《水质　五日生化需氧量（BOD$_5$）的测定　稀释与接种法》，适用于地表水、工业废水和生活污水中五日生化需氧量（BOD$_5$）的测定。本方法的检出限为 0.5mg/L，方法的测定下限为 2mg/L，非稀释法和非稀释接种法的测定上限为 6mg/L，稀释与稀释接种法的测定上限为 6000mg/L。

三、实验原理

生化需氧量是指在规定的条件下，微生物分解水中的某些可氧化的物质，特别是分解

有机物的生物化学过程消耗的溶解氧。通常情况下是指水样充满完全密闭的溶解氧瓶中，在 (20±1)℃的暗处培养 5d±4h 或 (2+5)d±4h [先在 0～4℃的暗处培养 2d，接着在 (20±1)℃的暗处培养 5d，即培养 (2+5)d]，分别测定培养前后水样中溶解氧的质量浓度，由培养前后溶解氧的质量浓度之差，计算每升样品消耗的溶解氧量，以 BOD_5 形式表示。

若样品中的有机物含量较多，BOD_5 的质量浓度大于 6mg/L，样品需适当稀释后测定；对不含或含微生物少的工业废水，如酸性废水、碱性废水、高温废水、冷冻保存的废水或经过氯化处理的废水，在测定 BOD_5 时应进行接种，以引进能分解废水中有机物的微生物。当废水中存在难以被一般生活污水中的微生物以正常的速度降解的有机物或含有剧毒物质时，应将驯化后的微生物引入水样中进行接种。

四、试剂和材料

1. 水：实验用水为符合 GB/T 6682 规定的 3 级蒸馏水，且水中铜离子的质量浓度不大于 0.01mg/L，不含有氯或氯胺等物质。

2. 接种液：可购买接种微生物用的接种物质，接种液的配制和使用按说明书的要求操作。也可按以下方法获得接种液。

① 未受工业废水污染的生活污水，化学需氧量不大于 300mg/L，总有机碳不大于 100mg/L；

② 含有城镇污水的河水或湖水；

③ 污水处理厂的出水；

④ 分析含有难降解物质的工业废水时，在其排污口下游适当处取水样作为废水的驯化接种液。也可取中和或经适当稀释后的废水进行连续曝气，每天加入少量该种废水，同时加入少量生活污水，使适应该种废水的微生物大量繁殖。当水中出现大量的絮状物时，表明微生物已繁殖，可用作接种液。一般驯化过程需 3～8d。

3. 盐溶液

(1) 磷酸盐缓冲溶液

将 8.5g 磷酸二氢钾（KH_2PO_4）、21.8g 磷酸氢二钾（K_2HPO_4）、33.4g 七水合磷酸氢二钠（$Na_2HPO_4 \cdot 7H_2O$）和 1.7g 氯化铵（NH_4Cl）溶于水中，稀释至 1000mL，此溶液在 0～4℃可稳定保存 6 个月。此溶液的 pH 值为 7.2。

(2) 硫酸镁溶液，$\rho(MgSO_4)=11.0g/L$

将 22.5g 七水合硫酸镁（$MgSO_4 \cdot 7H_2O$）溶于水中，稀释至 1000mL，此溶液在 0～4℃可稳定保存 6 个月，若发现任何沉淀或微生物生长应弃去。

(3) 氯化钙溶液，$\rho(CaCl_2)=27.6g/L$

将 27.6g 无水氯化钙（$CaCl_2$）溶于水中，稀释至 1000mL，此溶液在 0～4℃可稳定保存6个月,若发现任何沉淀或微生物生长应弃去。

(4) 氯化铁溶液,$\rho(FeCl_3)=0.15g/L$

将0.25g六水合氯化铁($FeCl_3 \cdot 6H_2O$)溶于水中,稀释至1000mL,此溶液在0~4℃可稳定保存6个月,若发现任何沉淀或微生物生长应弃去。

4. 稀释水:在5~20L的玻璃瓶中加入一定量的水,控制水温在(20±1)℃,用曝气装置至少曝气1h,使稀释水中的溶解氧达到8mg/L以上。使用前每升水中加入上述四种盐溶液各1.0mL,混匀,20℃保存。在曝气的过程中防止污染,特别是防止带入有机物、金属、氧化物或还原物。

稀释水中氧的浓度不能过饱和,使用前需开口放置1h,且应在24h内使用。剩余的稀释水应弃去。

5. 接种稀释水:根据接种液的来源不同,每升稀释水中加入适量接种液,城市生活污水和污水处理厂出水加1~10mL。河水或湖水加10~100mL。将接种稀释水存放在(20±1)℃的环境中,当天配制当天使用。接种的稀释水pH值为7.2,BOD_5应小于1.5mg/L。

6. 盐酸溶液,$c(HCl)=0.5mol/L$:将40mL浓盐酸(HCl)溶于水中,稀释至1000mL。

7. 氢氧化钠溶液,$c(NaOH)=0.5mol/L$:将20g氢氧化钠溶于水中,稀释至1000mL。

8. 亚硫酸钠溶液,$c(Na_2SO_3)=0.025mol/L$:将1.575g亚硫酸钠(Na_2SO_3)溶于水中,稀释至1000mL。此溶液不稳定,需现用现配。

9. 葡萄糖-谷氨酸标准溶液:将葡萄糖($C_6H_{12}O_6$,优级纯)和谷氨酸(HOOC—CH_2—CH_2—$CHNH_2$—COOH,优级纯)在130℃干燥1h,各称取150mg溶于水中,在1000mL容量瓶中稀释至标线。此溶液的BOD_5为(210±20)mg/L,现用现配。该溶液也可少量冷冻保存,融化后立刻使用。

10. 丙烯基硫脲硝化抑制剂,$\rho(C_4H_8N_2S)=1.0g/L$:溶解0.20g丙烯基硫脲($C_4H_8N_2S$)于200mL水中混合,4℃保存,此溶液可稳定保存14d。

11. 乙酸溶液(1+1)。

12. 碘化钾溶液,$\rho(KI)=100g/L$:将10g碘化钾(KI)溶于水中,稀释至100mL。

13. 淀粉溶液,$\rho=5g/L$:将0.50g淀粉溶于水中,稀释至100mL。

五、实验仪器

1. 滤膜:孔径为1.6μm。
2. 溶解氧瓶:带水封装置,容积为250~300mL。
3. 稀释容器:1000~2000mL的量筒或容量瓶。

4. 虹吸管：供分取水样或添加稀释水。

5. 溶解氧测定仪。

6. 冷藏箱：0～4℃。

7. 冰箱：有冷冻和冷藏功能。

8. 带风扇的恒温培养箱：(20±1)℃。

9. 曝气装置：多通道空气泵或其他曝气装置；曝气可能带来有机物、氧化剂和金属，导致空气污染，如有污染，空气应过滤清洗。

六、实验步骤

1. 样品的采集和保存

样品采集按照《地表水和污水监测技术规范》（HJ/T 91）的相关规定执行。采集的样品应充满并密封于棕色玻璃瓶中，样品量不小于1000mL，在0～4℃的暗处运输和保存，并于24h内尽快分析。

2. 样品的前处理

（1）pH值调节

若样品或稀释后样品pH值不在6～8范围内，应用盐酸溶液或氢氧化钠溶液调节其pH值至6～8。

（2）余氯和结合氯的去除

若样品中含有少量余氯，一般在采样后放置1～2h，游离氯即可消失。对在样品中存在的短时间内不能消失的余氯，可加入适量亚硫酸钠溶液去除，加入的亚硫酸钠溶液的量由下述方法确定。

取已中和好的水样100mL，加入乙酸溶液10mL、碘化钾溶液1mL，混匀，暗处静置5min。用亚硫酸钠溶液滴定析出的碘至淡黄色，加入1mL淀粉溶液呈蓝色。再继续滴定至蓝色刚刚褪去，即为终点，记录所用亚硫酸钠溶液体积，由亚硫酸钠溶液消耗的体积，计算出水样中应加亚硫酸钠溶液的体积。

（3）样品均质化

含有大量颗粒物、需要较大稀释倍数的样品或经冷冻保存的样品，测定前均需搅拌均匀。

（4）样品中有藻类

若样品中有大量藻类存在，BOD_5的测定结果会偏高。当分析结果精度要求较高时，测定前应用滤孔为1.6μm的滤膜过滤，检测报告中注明滤膜滤孔的大小。

（5）含盐量低的样品

若样品含盐量低，非稀释样品的电导率小于125μS/cm时，需加入适量相同体积的四种盐溶液，使样品的电导率大于125μS/cm。每升样品中至少需加入各种盐的体积V按下式计算

$$V=(\Delta K-12.8)/113.6$$

式中 V——需加入各种盐的体积，mL；

ΔK——样品需要提高的电导率值，$\mu S/cm$。

3. 非稀释法测定样品

非稀释法分为两种情况：非稀释法和非稀释接种法。

如样品中的有机物含量较少，BOD_5 的质量浓度不大于 6mg/L，且样品中有足够的微生物，用非稀释法测定。若样品中的有机物含量较少，BOD_5 的质量浓度不大于 6mg/L，但样品中无足够的微生物，如酸性废水、碱性废水、高温废水、冷冻保存的废水或经过氯化处理的废水，采用非稀释接种法测定。

(1) 试样的准备

① 待测试样 测定前待测试样的温度达到 (20 ± 2)℃，若样品中溶解氧浓度低，需要用曝气装置曝气 15min，充分振摇赶走样品中残留的空气泡；若样品中氧过饱和，将容器 2/3 体积充满样品，用力振荡赶出过饱和氧，然后根据试样中微生物含量情况确定测定方法。非稀释法可直接取样测定；非稀释接种法，每升试样中加入适量的接种液，待测定。若试样中含有硝化细菌，有可能发生硝化反应，需在每升试样中加入 2mL 丙烯基硫脲硝化抑制剂。

② 空白试样 非稀释接种法，每升稀释水中加入与试样中相同量的接种液作为空白试样，需要时每升试样中加入 2mL 丙烯基硫脲硝化抑制剂。

(2) 试样的测定

① 碘量法测定试样中的溶解氧 将上述待测试样充满两个溶解氧瓶中，使试样少量溢出，防止试样中的溶解氧质量浓度改变，使瓶中存在的气泡靠瓶壁排除。将一溶解氧瓶盖上瓶盖，加上水封，在瓶盖外罩上一个密封罩，防止培养期间水封水蒸发干，在恒温培养箱中培养 $5d\pm4h$ 或 $(2+5)d\pm4h$ 后测定试样中溶解氧的质量浓度。另一瓶 15min 后测定试样在培养前溶解氧的质量浓度。溶解氧的测定按 GB 7489—1987 进行操作。

② 电化学探头法测定试样中的溶解氧 将上述待测试样充满一个溶解氧瓶中，使试样少量溢出，防止试样中的溶解氧质量浓度改变，使瓶中存在的气泡靠瓶壁排除。测定培养前试样中的溶解氧的质量浓度。

盖上瓶盖，防止样品中残留气泡，加上水封，在瓶盖外罩上一个密封罩，防止培养期间水封水蒸发干。将试样瓶放入恒温培养箱中培养 $5d\pm4h$ 或 $(2+5)d\pm4h$。测定培养后试样中溶解氧的质量浓度。

溶解氧的测定按 HJ 506—2009 进行操作。

空白样的测定方法同上述两步骤。

4. 稀释与接种法测定样品

稀释与接种法分为两种情况：稀释法和稀释接种法。

若试样中的有机物含量较多，BOD_5 的质量浓度大于 6mg/L，且样品中有足够的微生物，采用稀释法测定；若试样中的有机物含量较多，BOD_5 的质量浓度大于 6mg/L，但试样中无足够的微生物,采用稀释接种法测定。

(1) 试样的准备

1) 待测试样

待测试样的温度达到 (20 ± 2)℃,若试样中溶解氧浓度低,需要用曝气装置曝气 15min,充分振摇赶走样品中残留的气泡;若样品中氧过饱和,将容器的 2/3 体积充满样品,用力振荡赶出过饱和氧,然后根据试样中微生物含量情况确定测定方法。稀释法测定,稀释倍数按表 3-5 和表 3-6 方法确定,然后用稀释水稀释。稀释接种法测定,用接种稀释水稀释样品。若样品中含有硝化细菌,有可能发生硝化反应,需在每升试样培养液中加入 2mL 丙烯基硫脲硝化抑制剂。

表 3-5 典型的比值

水样的类型	总有机碳 $R(BOD_5/TOC)$	高锰酸盐指数 $R(BOD_5/I_{Mn})$	化学需氧量 $R(BOD_5/COD_{Cr})$
未处理的废水	1.2~2.8	1.2~1.5	0.35~0.65
生化处理的废水	0.3~1.0	0.5~1.2	0.20~0.35

表 3-6 BOD_5 测定的稀释倍数

BOD_5 的期望值/(mg/L)	稀释倍数	水样类型
6~12	2	河水,生物净化的城市污水
10~30	5	河水,生物净化的城市污水
20~60	10	生物净化的城市污水
40~120	20	澄清的城市污水或轻度污染的工业废水
100~300	50	轻度污染的工业废水或原城市污水
200~600	100	轻度污染的工业废水或原城市污水
400~1200	200	重度污染的工业废水或原城市污水
1000~3000	500	重度污染的工业废水
2000~6000	1000	重度污染的工业废水

稀释倍数的确定:样品稀释的程度应使消耗的溶解氧质量浓度不小于 2mg/L,培养后样品中剩余溶解氧质量浓度不小于 2mg/L,且试样中剩余的溶解氧的质量浓度为开始浓度的 1/3~2/3 为最佳。

稀释倍数可根据样品的总有机碳(TOC)、高锰酸盐指数(I_{Mn})或化学需氧量(COD_{Cr})的测定值,按照表 3-5 列出的 BOD_5 与总有机碳(TOC)、高锰酸盐指数(I_{Mn})或化学需氧量(COD_{Cr})的比值 R 估计 BOD_5 的期望值(R 与样品的类型有关),再根据表 3-5 确定稀释因子。当不能准确地选择稀释倍数时,一个样品做 2~3 个不同的稀释倍数。

由表 3-5 中选择适当的 R 值,按下式计算 BOD_5 的期望值

$$\rho = RY$$

式中 ρ——五日生化需氧量浓度的期望值,mg/L;

Y——总有机碳（TOC）、高锰酸盐指数（I_{Mn}）或化学需氧量（COD_{Cr}）的值，mg/L。

由估算出的 BOD_5 的期望值，按表 3-6 确定样品的稀释倍数。

2）空白试样

稀释法测定，空白试样为稀释水，必要时每升稀释水中加入 2mL 丙烯基硫脲硝化抑制剂。

稀释接种法测定，空白试样为接种稀释水，必要时每升接种稀释水中加入 2mL 丙烯基硫脲硝化抑制剂。

（2）试样的测定

试样和空白试样的测定方法同上述步骤。

七、数据处理

1. 非稀释法

非稀释法按下式计算样品 BOD_5 的测定结果

$$\rho = \rho_1 - \rho_2$$

式中 ρ——五日生化需氧量质量浓度，mg/L；
  ρ_1——水样在培养前的溶解氧质量浓度，mg/L；
  ρ_2——水样在培养后的溶解氧质量浓度，mg/L。

2. 非稀释接种法

$$\rho = (\rho_1 - \rho_2) - (\rho_3 - \rho_4)$$

式中 ρ——五日生化需氧量质量浓度，mg/L；
  ρ_1——接种水样在培养前的溶解氧质量浓度，mg/L；
  ρ_2——接种水样在培养后的溶解氧质量浓度，mg/L；
  ρ_3——空白样在培养前的溶解氧质量浓度，mg/L；
  ρ_4——空白样在培养后的溶解氧质量浓度，mg/L。

3. 稀释与接种法

稀释法和稀释接种法按下式计算样品 BOD_5 的测定结果

$$\rho = \frac{(\rho_1 - \rho_2) - (\rho_3 - \rho_4)f_1}{f_2}$$

式中 ρ——五日生化需氧量质量浓度，mg/L；
  ρ_1——接种稀释水样在培养前的溶解氧质量浓度，mg/L；
  ρ_2——接种稀释水样在培养后的溶解氧质量浓度，mg/L；
  ρ_3——空白样在培养前的溶解氧质量浓度，mg/L；
  ρ_4——空白样在培养后的溶解氧质量浓度，mg/L；

f_1——接种稀释水或稀释水在培养液中所占的比例；

f_2——原样品在培养液中所占的比例。

BOD_5 测定结果以氧的质量浓度（mg/L）报出。对稀释与接种法，如果有几个稀释倍数的结果满足要求，结果取这些稀释倍数结果的平均值。结果小于 100mg/L，保留一位小数；100～1000mg/L，取整数位；大于 1000mg/L 以科学计数法报出。结果报告中应注明：样品是否经过过滤、冷冻或均质化处理。

八、注意事项

1. 每一批样品做两个分析空白试样，稀释法空白试样的测定结果不能超过 0.5mg/L，非稀释接种法和稀释接种法空白试样的测定结果不能超过 1.5mg/L，否则应检查可能的污染来源。

2. 每一批样品要求做一个标准样品，样品的配制方法如下：取 20mL 葡萄糖-谷氨酸标准溶液于稀释容器中，用接种稀释水稀释至 1000mL，测定 BOD_5，测定结果 BOD_5 应在 180～230mg/L 范围内，否则应检查接种液、稀释水的质量。

3. 每一批样品至少做一组平行样。

九、思考题

1. BOD_5 测定中如何合理确定稀释倍数？
2. 怎样制备合格的接种稀释水？

实验六　高锰酸盐指数的测定

一、实验目的

1. 了解测定高锰酸盐指数的含义。
2. 掌握高锰酸盐指数测定的原理和方法。

二、相关标准和依据

本方法主要依据 GB 11892—89《水质　高锰酸盐指数的测定》。

适用于饮用水、水源水和地面水的测定，测定范围为 0.5～4.5mg/L。对污染严重的水，可少取水样，经适当稀释后测定。不适用于测定工业废水中有机污染物的负荷量，如需测定，可用重铬酸钾法测定化学需氧量。样品中无机还原性物质如 NO_2^-、S^{2-} 和 Fe^{2+}

等可被测定。氯离子浓度高于300mg/L，采用在碱性介质中氧化的测定方法。

三、实验原理

1. 酸性法

水样中加入硫酸使溶液呈酸性后，加入一定量的高锰酸钾溶液，并在沸水浴中加热30min，高锰酸钾将水样中某些有机物和无机还原性物质氧化，反应后加入过量的草酸钠溶液还原剩余的高锰酸钾，再用高锰酸钾标准溶液回滴过量的草酸钠，通过计算得到样品中高锰酸盐指数。

2. 碱性法

当水样中氯离子浓度高于300mg/L时，应采用碱性法。

水样中加入一定量的高锰酸钾溶液，加热前将溶液用氢氧化钠调至碱性，加热一定时间以氧化水中的还原性无机物和部分有机物。在加热反应之后加酸酸化，用草酸钠溶液还原剩余的高锰酸钾并加入过量，再用高锰酸钾溶液滴定过量的草酸钠至微红色，通过计算得到样品中高锰酸盐指数。

四、试剂和材料

1. 不含还原性物质的水：将1L蒸馏水置于全玻璃蒸馏器中，加入10mL硫酸和少量高锰酸钾溶液，蒸馏。弃去100mL初馏液，余下馏出液贮于具玻璃塞的细口瓶中。

2. 硫酸（H_2SO_4）：密度（ρ）为1.84g/mL。

3. 硫酸（1+3）：在不断搅拌下，将100mL硫酸（$\rho_0=1.84$g/mL）慢慢加入到300mL水中。趁热加入数滴高锰酸钾溶液直至溶液出现粉红色。

4. 氢氧化钠，500g/L溶液：称取50g氢氧化钠溶于水并稀释至100mL。

5. 草酸钠标准贮备液，浓度$c(1/2Na_2C_2O_4)$为0.1000mol/L：称取0.6705g经120℃烘干2h并放冷的优级纯草酸钠（$Na_2C_2O_4$）溶解于水中。移入100mL容量瓶中，用水稀释至标线，混匀，置于4℃保存。

6. 草酸钠标准溶液，浓度$c_1(1/2Na_2C_2O_4)$为0.0100mol/L：吸取10.00mL草酸钠标准贮备液（0.1000mol/L）于100mL容量瓶中，用水稀释至标线，混匀。

7. 高锰酸钾贮备液，浓度$c_2(1/5KMnO_4)$约为0.1mol/L：称取3.2g高锰酸钾溶解于水中并稀释至1000mL。于90~95℃水浴中加热此溶液2h，冷却。存放2d后，倾出上清液，贮于棕色瓶中。

8. 高锰酸钾使用液，浓度$c_3(1/5KMnO_4)$约为0.01mol/L：吸取100mL高锰酸钾贮备液（0.1mol/L）于1000mL容量瓶中，用水稀释至标线，混匀。此溶液在暗处可保存几个月，使用当天标定其浓度。

五、实验仪器

1. 水浴锅或相当的加热装置：有足够的容积和功率。
2. 酸式滴定管，25mL。

注：新的玻璃器皿必须用酸性高锰酸钾溶液清洗干净。

六、实验步骤

1. 样品的采集和保存

采集不少于500mL的水样于洁净的玻璃瓶中，采样后加入硫酸（1+3），使样品pH=1~2，并尽快分析。

2. 酸性法测定高锰酸盐指数

① 吸取100.0mL经充分摇动、混合均匀的样品（或分取适量，用水稀释至100mL），置于250mL锥形瓶中，加入（5±0.5）mL硫酸（1+3），用滴定管加入10.00mL高锰酸钾溶液（0.01mol/L），摇匀。将锥形瓶置于沸水浴内（30±2）min（水浴沸腾，开始计时）。

② 取出后用滴定管加入10.00mL草酸钠溶液（0.0100mol/L）至溶液变为无色。趁热用高锰酸钾溶液（0.01mol/L）滴定至刚出现粉红色，并保持30s不褪色。记录消耗的高锰酸钾溶液体积V_1。

③ 空白实验：用100mL水代替样品，按上述步骤测定，记录下回滴的高锰酸钾溶液（0.01mol/L）体积V_0。

④ 向上述空白实验滴定后的溶液中加入10.00mL草酸钠溶液（0.0100mol/L）。如果需要，将溶液加热至80℃，用高锰酸钾溶液（0.01mol/L）继续滴定至刚出现粉红色，并保持30s不褪色。记录下消耗的高锰酸钾溶液（0.01mol/L）体积V_2。

注：① 沸水浴的水面要高于锥形瓶内的液面。
② 样品量以加热氧化后残留的高锰酸钾（0.01mol/L）为其加入量的1/2~1/3为宜。加热时，如溶液红色褪去，说明高锰酸钾量不够，须重新取样，经稀释后测定。
③ 滴定时温度如低于60℃，反应速度缓慢，因此应加热至80℃左右。
④ 沸水浴温度为98℃。如在高原地区，报出数据时，需注明水的沸点。

3. 碱性法测定高锰酸盐指数

① 吸取100.0mL样品（或适量，用水稀释至100mL），置于250mL锥形瓶中，加入0.5mL氢氧化钠溶液（500g/L），摇匀。

② 用滴定管加入10.00mL高锰酸钾溶液，将锥形瓶置于沸水浴中（30±2）min（水浴沸腾，开始计时）。

③ 样品取出后，加入（10±0.5）mL硫酸（1+3），摇匀，其他步骤同酸性法。

七、数据处理

高锰酸盐指数（I_{Mn}）以每升样品消耗氧质量来表示（O_2，mg/L）。

1. 水样不经稀释

$$I_{Mn} = \frac{\left[(10+V_1)\dfrac{10}{V_2}-10\right] \times c \times 8 \times 1000}{100}$$

式中　V_1——样品滴定时，消耗高锰酸钾溶液体积，mL；

　　　V_2——标定时，所消耗高锰酸钾溶液体积，mL；

　　　c——草酸钠溶液浓度，0.0100mol/L。

2. 水样经稀释

$$I_{Mn} = \frac{\left\{\left[(10+V_1)\dfrac{10}{V_2}-10\right] - \left[(10+V_0)\dfrac{10}{V_2}-10\right] \times f\right\} \times c \times 8 \times 1000}{V_3}$$

式中　V_0——空白实验时，消耗高锰酸钾溶液体积，mL；

　　　V_3——测定时，所取样品体积，mL；

　　　f——稀释样品时，蒸馏水在100mL测定用体积内所占比例（例如：10mL样品用水稀释至100mL，则 $f=\dfrac{100-10}{100}=0.90$）。

八、思考题

1. 在描述有机物含量时，高锰酸盐指数和COD_{Cr}有什么区别？
2. 如何准确判断滴定的终点？

实验七　溶解氧的测定

Ⅰ　碘量法

一、实验目的

1. 掌握碘量法测定水中溶解氧的原理和方法。
2. 了解测定溶解氧的意义。

二、相关标准和依据

本方法主要依据 GB 7489—87《水质 溶解氧的测定 碘量法》。

三、实验原理

水样中加入硫酸锰和碱性碘化钾，水中溶解氧将低价锰氧化成高价锰，生成四价锰的氢氧化物棕色沉淀。加酸后，氢氧化物沉淀溶解，并与碘离子反应而释放出碘。以淀粉做指示剂，用硫代硫酸钠滴定释出碘，可计算溶解氧的含量。反应式如下：

$$MnSO_4 + 2NaOH = Na_2SO_4 + Mn(OH)_2$$
$$2Mn(OH)_2 + O_2 = 2MnO(OH)_2 \downarrow$$
$$（棕色沉淀）$$
$$MnO(OH)_2 + 2H_2SO_4 = Mn(SO_4)_2 + 3H_2O$$
$$Mn(SO_4)_2 + 2KI = MnSO_4 + K_2SO_4 + I_2$$
$$2Na_2S_2O_3 + I_2 = Na_2S_4O_6 + 2NaI$$

四、试剂和材料

1. 硫酸锰溶液：称取 480g 硫酸锰（$MnSO_4 \cdot 4H_2O$）或 364g $MnSO_4 \cdot H_2O$ 溶于水，用水稀释至 1000mL。将此溶液加至酸化过的碘化钾溶液中，遇淀粉不得产生蓝色。

2. 碱性碘化钾溶液：称取 500g 氢氧化钠溶解于 300～400mL 水中，另称取 150g 碘化钾（或 135gNaI）溶于 200mL 水中，待氢氧化钠溶液冷却后，将两溶液合并，混匀，用水稀释至 1000mL。如有沉淀，则放置过夜后，倾出上清液，贮于棕色瓶中。用橡皮塞塞紧，避光保存。此溶液酸化后，遇淀粉不应呈蓝色。

3. （1+1）硫酸溶液：小心把 500mL 浓硫酸（$\rho = 1.84g/mL$）在不停搅拌下加入到 500mL 水中。

4. 1%淀粉溶液：新配制，称取 1g 可溶性淀粉，用少量水调成糊状，再用刚煮沸的水冲稀至 100mL。冷却后，加入 0.1g 水杨酸或 0.4g 氯化锌防腐。

5. 重铬酸钾标准溶液，$c(1/6K_2Cr_2O_7)$ 0.0250mol/L：称取于 105～110℃烘干 2h 并冷却的优级纯重铬酸钾 1.2258g，溶于水，移入 1000mL 容量瓶中，用水稀释至标线，摇匀。

6. 硫代硫酸钠溶液：称取 3.2g 硫代硫酸钠（$Na_2S_2O_3 \cdot 5H_2O$）溶于煮沸放冷的水中，加入 0.2g 碳酸钠，用水稀释至 1000mL。贮于棕色瓶中，使用前用 0.0250mol/L 重铬酸钾标准溶液标定，标定方法如下：

于 250mL 碘量瓶中，加入 100mL 水和 1g 碘化钾，加入 10.00mL 的 0.0250mol/L 重铬酸钾标准溶液、5mL（1+1）硫酸溶液，密塞，摇匀。于暗处静置 5min 后，用硫代硫酸钠溶液滴定至溶液呈淡黄色，加入 1mL 淀粉溶液，继续滴定至蓝色刚好褪去为止，记录用量。

$$M=\frac{10.00\times 0.0250}{V}$$

式中　M——硫代硫酸钠溶液的浓度，mol/L；
　　　V——滴定时消耗硫代硫酸钠溶液的体积，mL。

五、实验仪器

溶解氧瓶：细口玻璃瓶，容量在 250～300mL 之间，校准至 1mL，具塞温克勒瓶或任何其他适合的细口瓶，瓶肩最好是直的。每一个瓶和盖要有相同的号码。见图 3-2。

图 3-2　溶解氧瓶

六、实验步骤

1. 样品的采集

将样品采集在溶解氧中，测定就在溶解氧瓶内进行。注意水样应充满溶解氧瓶中，且不要有气泡产生。

2. 溶解氧的固定

用吸管插入溶解氧瓶的液面下，加入 1mL 硫酸锰溶液和 2mL 碱性碘化钾溶液，盖好瓶塞，颠倒混合数次，静置。待棕色沉淀物降至瓶内一半时，再颠倒混合一次，待沉淀物下降到瓶底，一般再取样现场固定。

3. 析出碘

轻轻打开瓶塞，立即用吸管插入液面下加入 2.0mL 硫酸。小心盖好瓶盖，颠倒混合摇匀至沉淀物全部溶解为止，放置暗处 5min。

4. 滴定

移取 100.0mL 上述溶液于 250mL 锥形瓶中，用硫代硫酸钠溶液滴定至溶液呈淡黄色，加入 1mL 淀粉溶液，继续滴定至蓝色刚好褪去为止，记录硫代硫酸钠溶液用量。

七、数据处理

溶解氧含量（mg/L）按下式计算

$$溶解氧 = \frac{MV \times 8 \times 1000}{100}$$

式中　M——硫代硫酸钠溶液浓度，mol/L；
　　　V——滴定时消耗硫代硫酸钠溶液体积，mL。

八、注意事项

1. 当存在能固定或消耗碘的悬浮物，或者怀疑有这类物质存在时，最好采用电化学探头法测定溶解氧。

2. 如果水样中含有氧化性物质时（如游离氯浓度大于 0.1mg/L 时），应预先于水样中加入硫代硫酸钠去除。即用两个溶解氧瓶各取一瓶水样，在其中一瓶加入 5mL（1+1）硫酸和 1g 碘化钾，摇匀，此时游离出碘。以淀粉作指示剂，用硫代硫酸钠溶液滴定至蓝色刚褪，记下用量（相当于去除游离氯的量）。于另一瓶水样中，加入同样量的硫代硫酸钠溶液，摇匀。

3. 如果水样呈强酸性或强碱性，可用氢氧化钠或硫酸溶液调至中性后测定。

Ⅱ　电化学探头法

一、实验目的

掌握电化学探头法测定水中溶解氧的原理和方法。

二、相关标准和依据

本方法主要依据 HJ 506—2009《水质　溶解氧的测定　电化学探头法》。

三、实验原理

溶解氧电化学探头是一个用选择性薄膜封闭的小室，室内有两个金属电极并充有电解质。氧和一定数量的其他气体及亲液物质可透过这层薄膜，但水和可溶性物质的离子几乎不能透过这层膜。将探头浸入水中进行溶解氧的测定时，由于电池作用或外加电压在两个电极间产生电位差，使金属离子在阳极进入溶液，同时氧气通过薄膜扩散在阴极获得电子被还原，产生的电流与穿过薄膜和电解质层的氧的传递速度成正比，即在一定的温度下该电流与水中氧的分压（或浓度）成正比。

薄膜对气体的渗透性受温度变化的影响较大，要采用数学方法对温度进行校正，也可在电路中安装热敏元件对温度变化进行自动补偿。

若仪器在电路中未安装压力传感器不能对压力进行补偿时,仪器仅显示与气压有关的表观读数,当测定样品的气压与校准仪器时的气压不同时,应进行校正。

若测定海水、港湾水等含盐量高的水,应根据含盐量对测量值进行修正。

四、试剂和材料

1. 无水亚硫酸钠(Na_2SO_3)或七水合亚硫酸钠($Na_2SO_3 \cdot 7H_2O$)。
2. 二价钴盐,例如六水合氯化钴(Ⅱ)($CoCl_2 \cdot 6H_2O$)。
3. 零点检查溶液:称取0.25g亚硫酸钠和约0.25mg钴(Ⅱ)盐,溶解于250mL蒸馏水中。临用时现配。
4. 氮气,99.9%。

五、实验仪器

1. 溶解氧测量仪

① 测量探头:原电池型(例如铅/银)或极谱型(例如银/金),探头上宜附有温度补偿装置。

② 仪表:直接显示溶解氧的质量浓度或饱和百分率。

2. 磁力搅拌器。
3. 电导率仪:测量范围2~100mS/cm。
4. 温度计:最小分度为0.5℃。
5. 气压表:最小分度为10Pa。
6. 溶解氧瓶。

六、实验步骤

1. 校准

(1) 零点检查和调整

当测量的溶解氧质量浓度水平低于1mg/L(或10%饱和度)时,或者当更换溶解氧膜罩或内部的填充电解液时,需要进行零点检查和调整。若仪器具有零点补偿功能,则不必调整零点。

零点调整:将探头浸入零点检查溶液中,待反应稳定后读数,调整仪器到零点。

(2) 接近饱和值的校准

在一定的温度下,向蒸馏水中曝气,使水中氧的含量达到饱和或接近饱和。在这个温度下保持15min,采用GB 7489规定的方法测定溶解氧的质量浓度。

将探头浸没在瓶内,瓶中完全充满按上述步骤制备并测定的样品,让探头在搅拌的溶液中稳定 2~3min 以后，调节仪器读数至样品已知的溶解氧质量浓度。

当仪器不能再校准，或仪器响应变得不稳定或较低时，及时更换电解质或（和）膜。

2．测定

将探头浸入样品，不能有空气泡截留在膜上，停留足够的时间，待探头温度与水温达到平衡，且数字显示稳定时读数。必要时，根据所用仪器的型号及对测量结果的要求，检验水温、气压或含盐量，并对测量结果进行校正。

探头的膜接触样品时，样品要保持一定的流速，防止与膜接触的瞬间将该部位样品中的溶解氧耗尽，使读数发生波动。

对于流动样品（例如河水）：应检查水样是否有足够的流速（不得小于 0.3m/s），若水流速低于 0.3m/s，需在水样中往复移动探头，或者取分散样品进行测定。

对于分散样品，容器能密封以隔绝空气并带有搅拌器。将样品充满容器至溢出，密闭后进行测量。

七、数据处理

1．溶解氧的质量浓度

溶解氧的质量浓度以每升水中氧的质量（mg）表示。

（1）温度校正

测量样品与仪器校准期间温度不同时，需要对仪器读数按下式进行校正

$$\rho(O) = \rho'(O) \frac{\rho(O)_m}{\rho(O)_c}$$

式中　$\rho(O)$——实测溶解氧的质量浓度，mg/L；

　　　$\rho'(O)$——溶解氧的表观质量浓度（仪器读数），mg/L；

　　　$\rho(O)_m$——测量温度下氧的溶解度，mg/L；

　　　$\rho(O)_c$——校准温度下氧的溶解度，mg/L。

例如：

校准温度为 25℃时氧的溶解度为 8.3mg/L（见附录表 10）；

测量温度为 10℃时氧的溶解度为 11.3mg/L（见附录表 10）；

测量时仪器的读数为 7.0mg/L。

10℃时实测溶解氧的质量浓度：$\rho(O) = 7.0 \times 11.3/8.3 = 9.5$mg/L

上式中 $\rho(O)_m$ 和 $\rho(O)_c$ 值，可根据对应的大气压力和温度计算而得，也可以由附录表 12 中查得。

（2）气压校正

气压为 p 时，水中溶解氧的质量浓度 $\rho(O)_s$ 由下式求出

$$\rho(O) = \rho'(O)_s \frac{p - p_W}{101.325 - p_W}$$

式中　$\rho(O)$——温度为 T、大气压力为 p（kPa）时，水中氧的质量浓度，mg/L；

$\rho'(O)_s$——仪器默认大气压力为 101.325kPa，温度为 T 时，仪器的读数，mg/L；

p_W——温度为 T 时，饱和水蒸气的压力，kPa。

注：有些仪器能自动进行压力补偿。

(3) 盐度校正

当水中含盐量大于等于 3g/kg 时，需要对仪器读数按下式进行修正

$$\rho(O) = \rho''(O)_s - \Delta\rho(O)_s w \frac{\rho''(O)_s}{\rho(O)_s}$$

式中 $\rho(O)$——p 大气压下和温度为 T 时，盐度修正后溶解氧的质量浓度，mg/L；

$\Delta\rho(O)_s$——气压为 101.325kPa，温度为 T 时，水中溶解氧的修正因子，(mg/L)/(g/kg)，见附录表 10；

w——水中含盐量，g/kg；

$\rho(O)_s$——p 大气压下和温度为 T 时水中氧的溶解度，mg/L，见附表 12；

$\rho''(O)_s$——p 大气压下和摄氏温度为 T 时，盐度修正前仪器的读数，mg/L；

$\dfrac{\rho''(O)_s}{\rho(O)_s}$——$p$ 大气压下和温度为 T 时水中溶解氧的饱和率。

注：水中的含盐量可以用电导率值估算（见附录表 11）。使用 ISO 7888 电导率仪法测量水样的电导率，如果测定时水样的温度不是 20℃，应换算成 20℃时的电导率，测得结果以 mS/cm 表示。用附录表 10 提供的数据，估计水中的含盐量到最接近的整数（w），代入上式中，计算盐度修正后水中溶解氧的质量浓度。

2. 以饱和百分率表示的溶解氧含量

水中溶解氧的饱和百分率，按照下式计算

$$S = \frac{\rho''(O)_s}{\rho(O)_s} \times 100\%$$

式中 S——水中溶解氧的饱和百分率，%；

$\rho''(O)_s$——实测值，mg/L，表示在 p 大气压和温度为 T 时水中溶解氧的质量浓度；

$\rho(O)_s$——理论值，mg/L，表示在 p 大气压和温度为 T 时水中氧的溶解度（参见附录表 12）。

八、注意事项

1. 水中存在的一些气体和蒸汽，例如氯、二氧化硫、硫化氢、胺、氨、二氧化碳、溴和碘等物质，通过膜扩散影响被测电流而干扰测定。水样中的其他物质如溶剂、油类、硫化物、碳酸盐和藻类等物质可能堵塞薄膜、引起薄膜损坏和电极腐蚀，影响被测电流而干扰测定。

2. 新仪器投入使用前、更换电极或电解液以后，应检查仪器的线性，一般每隔 2 个月运行一次线性检查。

检查方法：通过测定一系列不同浓度蒸馏水样品中溶解氧的浓度来检查仪器的线性。向 3~4 个 250mL 完全充满蒸馏水的细口瓶中缓缓通入氮气泡，去除水中氧气，用探头时刻测量剩余的溶解氧含量，直到获得所需溶解氧的近似质量浓度，然后立刻停止通氮气，用 GB 7489 测定水中准确的溶解氧质量浓度。

若探头法测定的溶解氧浓度值与碘量法在显著性水平为 5% 时无显著性差异，则认为探头的响应呈线性。否则，应查找偏离线性的原因。

3．电极的维护和再生

（1）电极的维护

任何时候都不得用手触摸膜的活性表面。

电极和膜片的清洗：若膜片和电极上有污染物，会引起测量误差，一般 1~2 周清洗一次。清洗时要小心，将电极和膜片放入清水中涮洗，注意不要损坏膜片。

经常使用的电极建议存放在存有蒸馏水的容器中，以保持膜片的湿润。干燥的膜片在使用前应该用蒸馏水湿润活化。

（2）电极的再生

当电极的线性不合格时，就需要对电极进行再生。电极的再生约一年一次。

电极的再生包括更换溶解氧膜罩、电解液和清洗电极。

每隔一定时间或当膜被损坏和污染时，需要更换溶解氧膜罩并补充新的填充电解液。如果膜未被损坏和污染，建议 2 个月更换一次填充电解液。

更换电解质和膜之后，或当膜干燥时，都要使膜湿润，只有在读数稳定后，才能进行校准，仪器达到稳定所需要的时间取决于电解质中溶解氧消耗所需要的时间。

4．其他注意事项

当将探头浸入样品中时，应保证没有空气泡截留在膜上。

样品接触探头的膜时，应保持一定的流速，以防止与膜接触的瞬时将该部位样品中的溶解氧耗尽而出现错误的读数。应保证样品的流速不致使读数发生波动，在这方面要参照仪器制造厂家的说明。

九、思考题

1．溶解氧测定过程中，搅拌强度是否对测定结果有影响？
2．如果测定含有活性污泥的水样中的溶解氧，怎么样才能准确测量？

实验八　氨氮的测定

一、实验目的

掌握纳氏试剂分光光度法测定氨氮的原理和方法。

二、相关标准和依据

本方法主要依据 HJ 535—2009《水质 氨氮的测定 纳氏试剂分光光度法》。

本方法适用于地表水、地下水、生活污水和工业废水中氨氮的测定。

当水样体积为 50mL，使用 20mm 比色皿时，本方法的检出限为 0.025mg/L，测定下限为 0.10mg/L，测定上限为 2.0mg/L（均以 N 计）。

三、实验原理

以游离态的氨或铵离子等形式存在的氨氮与纳氏试剂反应生成淡红棕色络合物，该络合物的吸光度与氨氮含量成正比，于波长 420nm 处测量吸光度。

四、试剂和材料

1. 无氨水

在无氨环境中用下述方法之一制备。

（1）离子交换法

蒸馏水通过强酸性阳离子交换树脂（氢型）柱，将流出液收集在带有磨口玻璃塞的玻璃瓶内。每升流出液加 10g 同样的树脂，以利于保存。

（2）蒸馏法

在 1000mL 的蒸馏水中，加 0.1mL 硫酸（$\rho=1.84g/mL$），在全玻璃蒸馏器中重蒸馏，弃去前 50mL 馏出液，然后将约 800mL 馏出液收集在带有磨口玻璃塞的玻璃瓶内。每升馏出液加 10g 强酸性阳离子交换树脂（氢型）。

（3）纯水器法

用市售纯水器临用前制备。

2. 轻质氧化镁（MgO）：不含碳酸盐，在 500℃下加热氧化镁，以除去碳酸盐。

3. 盐酸，$\rho(HCl)=1.18g/mL$。

4. 纳氏试剂，可选择下列方法的一种配制。

（1）二氯化汞-碘化钾-氢氧化钾（$HgCl_2$-KI-KOH）溶液

称取 15.0g 氢氧化钾（KOH），溶于 50mL 水中，冷却至室温。

称取 5.0g 碘化钾（KI），溶于 10mL 水中，在搅拌下，将 2.50g 二氯化汞（$HgCl_2$）粉末分多次加入碘化钾溶液中，直到溶液呈深黄色或出现淡红色沉淀溶解缓慢时，充分搅拌混合，并改为滴加二氯化汞饱和溶液，当出现少量朱红色沉淀不再溶解时，停止滴加。

在搅拌下，将冷却的氢氧化钾溶液缓慢地加入到上述二氯化汞和碘化钾的混合液中，并稀释至 100mL，于暗处静置 24h，倾出上清液，贮于聚乙烯瓶内，用橡皮塞或聚乙烯盖子盖紧，存放暗处，可稳定1个月。

(2) 碘化汞-碘化钾-氢氧化钠（HgI_2-KI-NaOH）溶液

称取16.0g氢氧化钠（NaOH），溶于50mL水中，冷却至室温。

称取7.0g碘化钾（KI）和10.0g碘化汞（HgI_2），溶于水中，然后将此溶液在搅拌下，缓慢加入到上述50mL氢氧化钠溶液中，用水稀释至100mL。贮于聚乙烯瓶内，用橡皮塞或聚乙烯盖子盖紧，于暗处存放，有效期1年。

5. 酒石酸钾钠溶液，$\rho=500g/L$：称取50.0g酒石酸钾钠（$KNaC_4H_6O_6 \cdot 4H_2O$）溶于100mL水中，加热煮沸以驱除氨，充分冷却后稀释至100mL。

6. 硫代硫酸钠溶液，$\rho=3.5g/L$：称取3.5g硫代硫酸钠（$Na_2S_2O_3$）溶于水中，稀释至1000mL。

7. 硫酸锌溶液，$\rho=100g/L$：称取10.0g硫酸锌（$ZnSO_4 \cdot 7H_2O$）溶于水中，稀释至100mL。

8. 氢氧化钠溶液，$\rho=250g/L$：称取25g氢氧化钠溶于水中，稀释至100mL。

9. 氢氧化钠溶液，$c(NaOH)=1mol/L$：称取4g氢氧化钠溶于水中，稀释至100mL。

10. 盐酸溶液，$c(HCl)=1mol/L$：量取8.5mL盐酸（$\rho=1.18g/mL$）于适量水中，用水稀释至100mL。

11. 硼酸（H_3BO_3）溶液，$\rho=20g/L$：称取20g硼酸溶于水，稀释至1L。

12. 溴百里酚蓝指示剂（bromthymol blue），$\rho=0.5g/L$：称取0.05g溴百里酚蓝溶于50mL水中，加入10mL无水乙醇，用水稀释至100mL。

13. 淀粉-碘化钾试纸：称取1.5g可溶性淀粉于烧杯中，用少量水调成糊状，加入200mL沸水，搅拌混匀放冷。加0.50g碘化钾（KI）和0.50g碳酸钠（Na_2CO_3），用水稀释至250mL。将滤纸条浸渍后，取出晾干，于棕色瓶中密封保存。

14. 氨氮标准溶液

① 氨氮标准贮备溶液，$\rho_N=1000\mu g/mL$：称取3.8190g氯化铵（NH_4Cl，优级纯，在100~105℃干燥2h），溶于水中，移入1000mL容量瓶中，稀释至标线，可在2~5℃保存1个月。

② 氨氮标准工作溶液，$\rho_N=10\mu g/mL$：吸取5.00mL氨氮标准贮备溶液于500mL容量瓶中，稀释至刻度。临用前配制。

五、实验仪器

1. 可见分光光度计：具20mm比色皿。

2. 氨氮蒸馏装置：由500mL凯氏烧瓶、氮球、直形冷凝管和导管组成，冷凝管末端可连接一段适当长度的滴管，使出口尖端浸入吸收液液面下。亦可使用500mL蒸馏烧瓶。见图3-3。

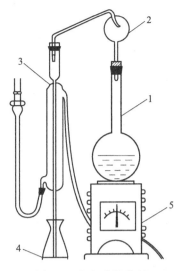

图 3-3 氨氮蒸馏装置
1—凯氏烧瓶；2—氮球；3—冷凝管；4—锥形瓶；5—电炉

六、实验步骤

1. 样品的采集和保存

水样采集在聚乙烯瓶或玻璃瓶内，要尽快分析。如需保存，应加硫酸使水样酸化至 pH<2，2~5℃下可保存 7d。

2. 样品的预处理

（1）去除余氯

若样品中存在余氯，可加入适量的硫代硫酸钠溶液去除。每加 0.5mL 可去除 0.25mg 余氯。用淀粉-碘化钾试纸检验余氯是否除尽。

（2）絮凝沉淀

100mL 样品中加入 1mL 硫酸锌溶液和 0.1~0.2mL 氢氧化钠溶液（250g/L），调节 pH 约为 10.5，混匀，放置使之沉淀，倾取上清液分析。必要时，用经水冲洗过的中速滤纸过滤，弃去初滤液 20mL。也可对絮凝后样品离心处理。

（3）预蒸馏

将 50mL 硼酸溶液移入接收瓶内，确保冷凝管出口在硼酸溶液液面之下。分取 250mL 样品，移入烧瓶中，加几滴溴百里酚蓝指示剂，必要时，用氢氧化钠溶液（1mol/L）或盐酸溶液（1mol/L）调整 pH 至 6.0（指示剂呈黄色）~7.4（指示剂呈蓝色），加入 0.25g 轻质氧化镁及数粒玻璃珠，立即连接氮球和冷凝管。加热蒸馏，使馏出液速率约为 10mL/min，待馏出液达 200mL 时，停止蒸馏，加水定容至 250mL。

3. 校准曲线的绘制

在 8 个 50mL 比色管中，分别加入 0.00、0.50、1.00、2.00、4.00、6.00、8.00、

10.00mL 氨氮标准工作溶液（$\rho_N = 10\mu g/mL$），其所对应的氨氮含量分别为 0.0、5.0、10.0、20.0、40.0、60.0、80.0、100μg，加水至标线。加入 1.0mL 酒石酸钾钠溶液，摇匀，再加入纳氏试剂 1.5mL（$HgCl_2$-KI-KOH 溶液）或 1.0mL（HgI_2-KI-NaOH 溶液），摇匀。放置 10min 后，在波长 420nm 下，用 20mm 比色皿，以水作参比，测量吸光度。

以空白校正后的吸光度为纵坐标，以其对应的氨氮含量（μg）为横坐标，绘制校准曲线。

注：根据待测样品的质量浓度也可选用 10mm 比色皿。

4. 样品测定

① 清洁水样：直接取 50mL，按与校准曲线相同的步骤测量吸光度。

② 有悬浮物或色度干扰的水样：取经预处理的水样 50mL（若水样中氨氮质量浓度超过 2mg/L，可适当少取水样体积），按与校准曲线相同的步骤测量吸光度。

注：经蒸馏或在酸性条件下煮沸方法预处理的水样，须加一定量氢氧化钠溶液，调节水样至中性，用水稀释至 50mL 标线，再按与校准曲线相同的步骤测量吸光度。

5. 空白实验

用水代替水样，按与样品相同的步骤进行前处理和测定。

七、数据处理

水中氨氮的质量浓度按下式计算

$$\rho_N = \frac{A_s - A_b - a}{bV}$$

式中 ρ_N——水样中氨氮的质量浓度（以 N 计），mg/L；
  A_s——水样的吸光度；
  A_b——空白实验的吸光度；
  a——校准曲线的截距；
  b——校准曲线的斜率；
  V——试样体积，mL。

八、注意事项

1. 水样中含有悬浮物、余氯、钙镁等金属离子、硫化物和有机物时会产生干扰，含有此类物质时要作适当处理，以消除对测定的影响。

2. 若样品中存在余氯，可加入适量的硫代硫酸钠溶液去除，用淀粉-碘化钾试纸检验余氯是否除尽。在显色时加入适量的酒石酸钾钠溶液，可消除钙镁等金属离子的干扰。若水样浑浊或有颜色时可用预蒸馏法或絮凝沉淀法处理。

3. 试剂空白的吸光度应不超过 0.030（10mm 比色皿）。

4. 为了保证纳氏试剂有良好的显色能力，配制时务必控制 $HgCl_2$ 的加入量，至微量 HgI_2 红色沉淀不再溶解时为止。配制 100mL 纳氏试剂所需 $HgCl_2$ 与 KI 的用量之比约为 2.3∶5。在配制时为了加快反应速度、节省配制时间，可低温加热进行，防止 HgI_2 红色沉淀的提前出现。

5. 酒石酸钾钠试剂中铵盐含量较高时，仅加热煮沸或加纳氏试剂沉淀不能完全除去氨。此时采用加入少量氢氧化钠溶液，煮沸蒸发掉溶液体积的 20%～30%，冷却后用无氨水稀释至原体积的方法。

6. 絮凝沉淀预处理时，因滤纸中含有一定量的可溶性铵盐，且定量滤纸中含量高于定性滤纸，建议采用定性滤纸过滤，过滤前用无氨水少量多次淋洗（一般为 100mL）。这样可减少或避免滤纸引入的测量误差。

7. 水样的预蒸馏过程中，某些有机物很可能与氨同时馏出，对测定有干扰，其中有些物质（如甲醛）可以在酸性条件（pH<1）下煮沸除去。在蒸馏刚开始时，氨气蒸出速度较快，加热不能过快，否则造成水样暴沸，馏出液温度升高，氨吸收不完全。馏出液速率应保持在 10mL/min 左右。

蒸馏过程中，某些有机物很可能与氨同时馏出，对测定仍有干扰，其中有些物质（如甲醛）可以在酸性条件（pH<1）下煮沸除去。部分工业废水，可加入石蜡碎片等做防沫剂。

8. 蒸馏器清洗：向蒸馏烧瓶中加入 350mL 水，加数粒玻璃珠，装好仪器，蒸馏到至少收集了 100mL 水，将馏出液及瓶内残留液弃去。

九、思考题

1. 测定河水、城市污水或垃圾渗滤液中氨氮含量时，应分别采用什么预处理方法？
2. 污水的氨氮含量很高，测定过程中需要稀释时，怎样合理确定稀释倍数？

实验九 总氮的测定

Ⅰ 气相分子吸收光谱法

一、实验目的

掌握气相分子吸收光谱法测定总氮的原理和方法。

二、相关标准和依据

本方法主要依据 HJ/T 199—2005《水质 总氮的测定 气相分子吸收光谱法》。

本标准适用于地表水、水库、湖泊、江河水中总氮的测定。检出限为 0.050mg/L，测定下限为 0.200mg/L，测定上限为 100mg/L。

三、实验原理

在 60℃以上的水溶液中，过硫酸钾按如下反应式分解，生成氢离子和氧。

$$K_2S_2O_8 + H_2O \longrightarrow 2KHSO_4 + 1/2 O_2$$

$$KHSO_4 \longrightarrow K^+ + HSO_4^-$$

$$HSO_4^- \longrightarrow H^+ + SO_4^{2-}$$

加入氢氧化钠用以中和氢离子，使过硫酸钾分解完全。在碱性过硫酸钾溶液中，于 120～124℃温度下，用过硫酸钾作氧化剂，将水样中氨、铵盐、亚硝酸盐以及大部分有机氮化合物氧化成硝酸盐后，以硝酸盐氮的形式采用气相分子吸收光谱法进行总氮的测定。

四、试剂和材料

1. 无氨水的制备：将一般去离子水用硫酸酸化至 pH<2 后进行蒸馏，弃去最初 100mL 馏出液，收集后面足够的馏出液，密封保存在聚乙烯容器中。

2. 碱性过硫酸钾溶液：称取 40g 过硫酸钾（$K_2S_2O_8$）和 15g 氢氧化钠（NaOH），溶解于水中，加水稀释至 100mL，存放于聚乙烯瓶中，可使用一周。

3. 盐酸，$c(HCl)=5mol/L$：优级纯。

4. 三氯化钛：原液，含量 15%，化学纯。

5. 无水高氯酸镁 [$Mg(ClO_4)_2$]：8～10 目颗粒。

6. 硝酸盐氮标准贮备液（1.00mg/mL）：称取预先在 105～110℃干燥 2h 的优级纯硝酸钠（$NaNO_3$）3.034g，溶解于水，移入 500mL 容量瓶中，加水稀释至标线，摇匀。

7. 硝酸盐氮标准使用液（10.00μg/mL）：吸取硝酸盐氮标准贮备液，用水逐级稀释而成。

五、实验仪器

1. 仪器及装置

① 气相分子吸收光谱仪。

② 镉（Cd）空心阴极灯。

③ 圆形不锈钢加热架。

④ 可调定量加液器：300mL 无色玻璃瓶，加液量 0～5mL，用硅胶管连接加液嘴与

样品反应瓶盖的加液管。

⑤ 比色管：50mL，具塞。

⑥ 恒温水浴：双孔或4孔，温度0～100℃，控温精度±2℃。

⑦ 高压蒸汽消毒器：压力107.8～127.4kPa，相应温度120～124℃。

⑧ 气液分离装置（见图3-4）：清洗瓶1及样品反应瓶3为50mL的标准磨口玻璃瓶；干燥管5中放入无水高氯酸镁。将各部分用PVC软管连接于气相分子吸收光谱仪上。

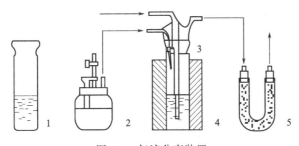

图3-4　气液分离装置

1—清洗瓶；2—定量加液器；3—样品吹气反应器；4—恒温水浴锅；5—干燥器

2．参考工作条件

空心阴极灯电流：3～5mA；载气（空气）流量：0.5L/min；工作波长：214.4nm；光能量保持在100%～117%范围内；测量方式：峰高或峰面积。

六、实验步骤

1．水样的采集和保存

水样采集在聚乙烯瓶中，用硫酸酸化至pH<2，在24h内进行测定。

2．水样的预处理

取适量水样（总氮量5～150μg）置于50mL比色管中，各加入10mL碱性过硫酸钾溶液，加水稀释至标线，密塞，摇匀。用纱布及纱绳裹紧塞子，以防溅漏。将比色管放入高压蒸汽消毒器中，盖好盖子，加热至蒸汽压力达到107.8～127.4kPa，记录时间，50min后缓慢放气，待压力指针回零，趁热取出比色管充分摇匀，冷却至室温待测。同时取40mL水制备空白样。

注：消解后的样品，含大量高价铁离子等较多氧化性物质时，增加三氯化钛用量至溶液紫红色不褪进行测定，不影响测定结果。

3．测量系统的净化

每次测定之前，将反应瓶盖插入装有约5mL水的清洗瓶中，通入载气，净化测量系统，调整仪器零点。测定后，水洗反应瓶盖和砂芯。

4．校准曲线的绘制

取0.00、0.50、1.00、1.50、2.00、2.50mL硝酸盐氮标准使用液，分别置于样品反应瓶中，加水释至 2.5mL，加入 2.5mL 盐酸，放入加热架，于（70±2）℃水浴中加热 10min。逐个取出样品反应瓶，立即与反应瓶盖密闭，趁热用定量加液器加入 0.5mL 三氯化钛，通入载气，依次测定各标准溶液的吸光度，以吸光度与所对应的硝酸盐氮的量（μg）绘制校准曲线。

5. 水样的测定

取待测试样 2.5mL 置于样品反应瓶中，以下操作同校准曲线的绘制。

测定水样前，测定空白样，进行空白校正。

七、数据处理

总氮的含量（mg/L）按下式计算

$$总氮 = \frac{m - m_0}{V \times \frac{2.5}{50}}$$

式中 m——根据校准曲线计算出水样中的氮量，μg；

m_0——根据校准曲线计算出的空白量，μg；

V——取样体积，mL。

Ⅱ 碱性过硫酸钾消解紫外分光光度法

一、实验目的

掌握碱性过硫酸钾消解紫外分光光度法测定总氮的原理和方法。

二、相关标准和依据

本方法主要依据 HJ 636—2012《水质 总氮的测定 碱性过硫酸钾消解紫外分光光度法》。

本标准规定了测定水中总氮的碱性过硫酸钾消解紫外分光光度法。本标准适用于地表水、地下水、工业废水和生活污水中总氮的测定。

当样品量为 10mL 时，本方法的检出限为 0.05mg/L，测定范围为 0.20～7.00mg/L。

三、实验原理

在 120～124℃下，碱性过硫酸钾溶液使样品中含氮化合物的氮转化为硝酸盐，采用紫外分光光度法于波长 220nm 和 275nm 处，分别测定吸光度 A_{220} 和 A_{275}，按下式计算校正吸光度 A，总氮（以 N 计）含量与校正吸光度 A 成正比。

$$A = A_{220} - 2A_{275}$$

当碘离子含量相对于总氮含量的 2.2 倍以上，溴离子含量相对于总氮含量的 3.4 倍以上时，对测定产生干扰。

水样中的六价铬离子和三价铁离子对测定产生干扰，可加入 5% 盐酸羟胺溶液 1~2mL 消除。

四、试剂和材料

1. 无氨水：每升水中加入 0.10mL 浓硫酸蒸馏，收集馏出液于具塞玻璃容器中；也可使用新制备的去离子水。

2. 氢氧化钠（NaOH）：含氮量应小于 0.0005%。

3. 过硫酸钾（$K_2S_2O_8$）：含氮量应小于 0.0005%。

4. 硝酸钾（KNO_3）：基准试剂或优级纯，在 105~110℃下烘干 2h，在干燥器中冷却至室温。

5. 浓盐酸，$\rho(HCl)=1.19g/mL$。

6. 浓硫酸，$\rho(H_2SO_4)=1.84g/mL$。

7. 盐酸溶液（1+9）。

8. 硫酸溶液（1+35）。

9. 氢氧化钠溶液，$\rho(NaOH)=200g/L$：称取 20.0g 氢氧化钠溶于少量水中，稀释至 100mL。

10. 氢氧化钠溶液，$\rho(NaOH)=20g/L$：量取氢氧化钠溶液（200g/L）10.0mL，用水稀释至 100mL。

11. 碱性过硫酸钾溶液：称取 40.0g 过硫酸钾溶于 600mL 水中（可置于 50℃水浴中加热至全部溶解）；另称取 15.0g 氢氧化钠溶于 300mL 水中；待氢氧化钠溶液温度冷却至室温后，混合两种溶液定容至 1000mL，存放于聚乙烯瓶中，可保存一周。

12. 硝酸钾标准贮备液，$\rho(N)=100mg/L$：称取 0.7218g 硝酸钾溶于适量水，移至 1000mL 容量瓶中，用水稀释至标线，混匀；加入 1~2mL 三氯甲烷作为保护剂，在 0~10℃暗处保存，可稳定 6 个月；也可直接购买市售有证标准溶液。

13. 硝酸钾标准使用液，$\rho(N)=10.0mg/L$：量取 10.00mL 硝酸钾标准贮备液[$\rho(N)=100mg/L$] 至 100mL 容量瓶中，用水稀释至标线，混匀，临用现配。

五、实验仪器

1. 紫外分光光度计：具 10mm 石英比色皿。

2. 高压蒸汽灭菌器：最高工作压力不低于 1.1~1.4kg/cm^2；最高工作温度不低于 120~124℃。

3. 具塞磨口玻璃比色管，25mL。

六、实验步骤

1. 样品的采集和保存

将采集好的样品贮存在聚乙烯瓶或硬质玻璃瓶中,用浓硫酸 $[\rho(H_2SO_4)=1.84g/mL]$ 调节 pH 值至 1~2,常温下可保存 7d。贮存在聚乙烯瓶中,-20℃冷冻,可保存 1 个月。

2. 试样的制备

取适量样品用氢氧化钠溶液 $[\rho(NaOH)=20g/L]$ 或硫酸溶液(1+35)调节 pH 值至 5~9,待测。

3. 校准曲线的绘制

分别量取 0.00、0.20、0.50、1.00、3.00、7.00mL 硝酸钾标准使用液 $[\rho(N)=10.0mg/L]$ 于 25mL 具塞磨口玻璃比色管中,其对应的总氮(以 N 计)含量分别为 0.00、2.00、5.00、10.0、30.0、70.0μg。加水稀释至 10.00mL,再加入 5.00mL 碱性过硫酸钾溶液,塞紧管塞,用纱布和线绳扎紧管塞,以防弹出。将比色管置于高压蒸汽灭菌器中,加热至顶压阀吹气,关阀,继续加热至 120℃开始计时,保持温度在 120~124℃之间 30min。自然冷却、开阀放气,移去外盖,取出比色管冷却至室温,按住管塞将比色管中的液体颠倒混匀 2~3 次。

注:若比色管在消解过程中出现管口或管塞破裂,应重新取样分析。

每个比色管分别加入 1.0mL 盐酸溶液(1+9),用水稀释至 25mL 标线,盖塞混匀。使用 10mm 石英比色皿,在紫外分光光度计上,以水作参比,分别于波长 220nm 和 275nm 处测定吸光度。零浓度的校正吸光度 A_b、其他标准系列的校正吸光度 A_s 及其差值 A_r 按下式进行计算。以总氮(以 N 计)含量(μg)为横坐标,对应的 A_r 值为纵坐标,绘制校准曲线。

$$A_b = A_{b220} - 2A_{b275}$$
$$A_s = A_{s220} - 2A_{s275}$$
$$A_r = A_s - A_b$$

式中 A_b——零浓度(空白)溶液的校正吸光度;

A_{b220}——零浓度(空白)溶液于波长 220nm 处的吸光度;

A_{b275}——零浓度(空白)溶液于波长 275nm 处的吸光度;

A_s——标准溶液的校正吸光度;

A_{s220}——标准溶液于波长 220nm 处的吸光度;

A_{s275}——标准溶液于波长 275nm 处的吸光度;

A_r——标准溶液校正吸光度与零浓度(空白)溶液校正吸光度的差。

4. 样品的测定

量取 10.00mL 试样于 25mL 具塞磨口玻璃比色管中,进行测定。

注:试样中的含氮量超过 70μg 时,可减少取样量并加水稀释至 10.00mL。

5. 空白实验

用 10.00mL 水代替试样，进行测定。

七、数据处理

1. 结果计算

参照前述过程计算试样校正吸光度和空白实验校正吸光度差值 A_r，样品中总氮的质量浓度 ρ（mg/L）按下式进行计算。

$$\rho = (A_r - a)f/bV$$

式中　ρ——样品中总氮（以 N 计）的质量浓度，mg/L；

A_r——试样的校正吸光度与空白实验校正吸光度的差值；

a——校准曲线的截距；

b——校准曲线的斜率；

V——试样体积，mL；

f——稀释倍数。

2. 结果表示

当测定结果小于 1.00mg/L 时，保留到小数点后两位；大于等于 1.00mg/L 时，保留三位有效数字。

八、注意事项

1. 某些含氮有机物在本标准规定的测定条件下不能完全转化为硝酸盐。
2. 测定应在无氨的实验室环境中进行，避免环境交叉污染对测定结果产生影响。
3. 实验所用的器皿和高压蒸汽灭菌器等均应无氮污染。实验中所用的玻璃器皿应用盐酸溶液或硫酸溶液浸泡，用自来水冲洗后再用无氨水冲洗数次，洗净后立即使用。高压蒸汽灭菌器应每周清洗。
4. 在碱性过硫酸钾溶液配制过程中，温度过高会导致过硫酸钾分解失效，因此要控制水浴温度在 60℃以下，而且应待氢氧化钠溶液温度冷却至室温后，再将其与过硫酸钾溶液混合、定容。
5. 使用高压蒸汽灭菌器时，应定期检定压力表，并检查橡胶密封圈密封情况，避免因漏气而减压。

九、思考题

实验过程中发现空白样吸光度值大于 1.0，分析可能是什么原因造成的。

实验十 总磷的测定

一、实验目的

掌握钼酸铵分光光度法测定总磷的原理和方法。

二、相关标准和依据

本方法主要依据 GB 11893—89《水质 总磷的测定 钼酸铵分光光度法》。

总磷包括溶解的、颗粒的、有机的和无机磷。本方法适用于地面水、污水和工业废水。取 25mL 试样,本方法的最低检出浓度为 0.01mg/L,测定上限为 0.6mg/L。

三、实验原理

在中性条件下用过硫酸钾(或硝酸-高氯酸)使试样消解,将所含磷全部氧化为正磷酸盐。在酸性介质中,正磷酸盐与钼酸铵反应,在锑盐存在下生成磷钼杂多酸后,立即被抗坏血酸还原,生成蓝色的络合物,该络合物在 700nm 处有最大吸收波长,且吸光度和浓度呈正比。

四、试剂和材料

本标准所用试剂除另有说明外,均应使用符合国家标准或专业标准的分析试剂和蒸馏水或同等纯度的水。

1. 硫酸(H_2SO_4),密度为 1.84g/mL。
2. 硝酸(HNO_3),密度为 1.4g/mL。
3. 高氯酸($HClO_4$):优级纯,密度为 1.68g/mL。
4. 硫酸(H_2SO_4)(1+1)。
5. 硫酸,约 $c(1/2H_2SO_4)=1$mol/L:将 27mL 硫酸($\rho=1.84$g/mL)加入到 973mL 水中。
6. 氢氧化钠(NaOH),1mol/L 溶液:将 40g 氢氧化钠溶于水并稀释至 1000mL。
7. 氢氧化钠(NaOH),6mol/L 溶液:将 240g 氢氧化钠溶于水并稀释至 1000mL。
8. 过硫酸钾,50g/L 溶液:将 5g 过硫酸钾($K_2S_2O_8$)溶解于水,并稀释至 100mL。
9. 抗坏血酸,100g/L 溶液:溶解 10g 抗坏血酸($C_6H_8O_6$)于水中,并稀释至 100mL。

此溶液贮于棕色的试剂瓶中,在冷处可稳定几周。如不变色可长时间使用。

10. 钼酸盐溶液:溶解 13g 钼酸铵 $[(NH_4)_6Mo_7O_{24} \cdot 4H_2O]$ 于 100mL 水中。溶解 0.35g 酒石酸锑钾($KSbC_4H_4O_7 \cdot 1/2H_2O$)于 100mL 水中。在不断搅拌下把钼酸铵溶液徐徐加到 300mL 硫酸 $[H_2SO_4 (1+1)]$ 中,加酒石酸锑钾溶液并且混合均匀。

此溶液贮存于棕色试剂瓶中,在冷处可保存 2 个月。

11. 浊度-色度补偿液:混合两个体积硫酸 $[H_2SO_4 (1+1)]$ 和一个体积抗坏血酸溶液。使用当天配制。

12. 磷标准贮备溶液:称取 (0.2197 ± 0.001)g 于 110℃ 干燥 2h 并在干燥器中放冷的磷酸二氢钾(KH_2PO_4),用水溶解后转移至 1000mL 容量瓶中,加入大约 800mL 水、5mL 硫酸 $[H_2SO_4 (1+1)]$,用水稀释至标线并混匀。1.00mL 此标准溶液含 50.0μg 磷。

本溶液在玻璃瓶中可贮存至少 6 个月。

13. 磷标准使用溶液:将 10.0mL 的磷标准贮备溶液转移至 250mL 容量瓶中,用水稀释至标线并混匀。1.00mL 此标准溶液含 2.0μg 磷。使用当天配制。

14. 酚酞,10g/L 溶液:将 0.5g 酚酞溶于 50mL 95% 乙醇中。

五、实验仪器

1. 医用手提式蒸气消毒器或一般压力锅(1.1~1.4kg/cm²)。
2. 50mL 具塞(磨口)刻度管。
3. 分光光度计。

注:所有玻璃器皿均应用稀盐酸或稀硝酸浸泡。

六、实验步骤

1. 水样的准备

用玻璃瓶采取 500mL 水样后加入 1mL 硫酸($\rho=1.84$g/mL)调节样品的 pH 值,使之小于或等于 1,或不加任何试剂于冷处保存。

取 25mL 样品于具塞刻度管中。取时应仔细摇匀,以得到溶解部分和悬浮部分均具有代表性的试样。如样品中含磷浓度较高,试样体积可以减少。

2. 空白试样

按上述试样的制备的规定进行空白实验,用水代替试样,并加入与测定时相同体积的试剂。

3. 水样的测定

(1) 消解

① 过硫酸钾消解:向试样中加 4mL 过硫酸钾,将具塞刻度管的盖塞紧后,用一小块

布和线将玻璃塞扎紧（或用其他方法固定），放在大烧杯中置于高压蒸气消毒器中加热，待压力达 1.1kg/cm², 相应温度为 120℃时，保持 30min 后停止加热。待压力表读数降至零后，取出放冷。然后用水稀释至标线。

注：如用硫酸保存水样。当用过硫酸钾消解时，需先将试样调至中性。

② 硝酸-高氯酸消解：取 25mL 试样于锥形瓶中，加数粒玻璃珠，加 2mL 硝酸在电热板上加热浓缩至 10mL。冷后加 5mL 硝酸，再加热浓缩至 10mL，放冷。加 3mL 高氯酸，加热至高氯酸冒白烟，此时可在锥形瓶上加小漏斗或调节电热板温度，使消解液在锥形瓶内壁保持回流状态，直至剩下 3~4mL，放冷。

加水 10mL，加 1 滴酚酞指示剂。滴加氢氧化钠溶液至刚呈微红色，再滴加硫酸溶液 $[c(1/2H_2SO_4)=1mol/L]$ 使微红刚好褪去，充分混匀。移至具塞刻度管中，用水稀释至标线。

注：① 用硝酸-高氯酸消解需要在通风橱中进行。高氯酸和有机物的混合物经加热易发生危险，需将试样先用硝酸消解，然后再加入硝酸-高氯酸进行消解。
② 绝不可把消解的试样蒸干。
③ 如消解后有残渣时，用滤纸过滤于具塞刻度管中，并用水充分清洗锥形瓶和滤纸，一并移到具塞刻度管中。
④ 水样中的有机物用过硫酸钾氧化不能完全破坏时，可用此法消解。

（2）发色

分别向各份消解液中加入 1mL 抗坏血酸溶液混匀，30s 后加 2mL 钼酸盐溶液充分混匀。

注：① 如试样中含有浊度或色度时，需配制一个空白试样（消解后用水稀释至标线）然后向试样中加入 3mL 浊度-色度补偿液，但不加抗坏血酸溶液和钼酸盐溶液。然后从试样的吸光度中扣除空白试样的吸光度。
② 砷大于 2mg/L 干扰测定，用硫代硫酸钠去除。硫化物大于 2mg/L 干扰测定，通氮气去除。铬大于 50mg/L 干扰测定，用亚硫酸钠去除。

（3）分光光度测量

室温下放置 15min 后，使用光程为 30mm 比色皿，在 700nm 波长下，以水做参比，测定吸光度。扣除空白实验的吸光度后，从工作曲线上查得磷的含量。

注：如显色时室温低于 13℃，可在 20~30℃水浴上显色 15min 即可。

（4）工作曲线的绘制

取 7 支具塞刻度管分别加入 0.0、0.50、1.00、3.00、5.00、10.0、15.0mL 磷酸盐标准溶液。加水至 25mL。然后按测定步骤进行处理。以水做参比，测定吸光度。扣除空白实验的吸光度后，和对应的磷的含量绘制工作曲线。

七、数据处理

总磷含量以 c（mg/L）表示，按下式计算

$$c=\frac{m}{V}$$

式中 m ——试样测得含磷量，μg；

V——测定用试样体积，mL。

八、注意事项

1. 如采样时水样用酸固定，则用过硫酸钾消解前将水样调至中性。
2. 一般民用压力锅，在加热至顶压阀出气孔冒气时，锅内温度约为120℃。

实验十一 酸度的测定

一、实验目的

掌握酸碱指示剂滴定法测定酸度的原理和方法。

二、实验原理

在水中，由于溶质的解离或水解（无机酸类，硫酸亚铁和硫酸铝等）而产生氢离子，它们与碱标准溶液作用至一定pH值所消耗的量，定为酸度。酸度数值的大小，随所用指示剂指示终点pH值的不同而异。滴定终点的pH值有两种规定，即8.3和3.7。用氢氧化钠溶液滴定到pH＝8.3（以酚酞作指示剂）的酸度，称为"酚酞酸度"又称总酸度，它包括强酸和弱酸。用氢氧化钠溶液滴定到pH＝3.7（以甲基橙为指示剂）的酸度，称为"甲基橙酸度"，代表一些较强的酸。

三、试剂和材料

1. 无二氧化碳水：将pH值不低于6.0的蒸馏水，煮沸15min，加盖冷却至室温。如蒸馏水pH较低，可适当延长煮沸时间，最后水的pH≥6.0。

2. 氢氧化钠标准溶液（0.1mol/L）：称取60g氢氧化钠溶于50mL水中，转移溶液至150mL的聚乙烯瓶中，冷却后，用装有碱石灰管的橡皮塞塞紧，静置24h以上。吸取上层清液约7.5mL置于1000mL容量瓶中，用无二氧化碳水稀释至标线，摇匀。按下述方法进行标定。

称取在105~110℃干燥过的基准试剂级邻苯二甲酸氢钾（$KHC_8H_4O_4$）约0.5g（称准至0.0001g），置于250mL锥形瓶中，加无二氧化碳水100mL使之溶解，加入4滴酚酞指示剂，用待标定的氢氧化钠标准溶液滴定至浅红色为终点。同时用无二氧化碳水做空白滴定，按下式进行计算。

氢氧化钠标准溶液浓度：$c(\text{mol/L}) = \dfrac{m \times 1000}{(V_1 - V_0) \times 204.23}$

式中　m——称取邻苯二甲酸氢钾的质量，g；

　　　V_0——滴定空白时所耗氢氧化钠标准溶液体积，mL；

　　　V_1——滴定邻苯二甲酸氢钾时所耗氢氧化钠标准溶液的体积，mL；

　　204.23——邻苯二甲酸氢钾（$KHC_8H_4O_4$）相对分子质量，g/mol。

3. 酚酞指示剂：称取 0.5g 酚酞，溶于 50mL 95％乙醇中，用水稀释至 100mL。

4. 甲基橙指示剂：称取 0.05g 甲基橙，溶于 100mL 水中。

5. 硫代硫酸钠标准溶液（$Na_2S_2O_3 \cdot 5H_2O$，0.1mol/L）：将 2.5g $Na_2S_2O_3 \cdot 5H_2O$ 溶于水，用无二氧化碳水稀释至 100mL。

四、实验仪器

1. 25mL 或 50mL 碱式滴定管。

2. 250mL 锥形瓶。

五、实验步骤

1. 取适量水样置于 250mL 锥形瓶中，用无二氧化碳水稀释至 100mL，瓶下放一白瓷板，向锥形瓶中加入 2 滴甲基橙指示剂，用上述氢氧化钠标准溶液滴定至溶液由橙红色变为橘黄色为终点，记录氢氧化钠标准溶液用量（V_1）。

2. 另取一份水样于 250mL 锥形瓶中，用无二氧化碳水稀释至 100mL，加入 4 滴酚酞指示剂，用氢氧化钠标准溶液滴定至溶液刚变为浅红色为终点，记录用量（V_2）。

如水样中含硫酸铁、硫酸铝时，加酚酞后，加热煮沸 2min，趁热滴至红色。

六、数据处理

$$\text{甲基橙酸度}(CaCO_3, \text{mg/L}) = \dfrac{cV_1 \times 50 \times 1000}{V}$$

$$\text{酚酞酸度}(CaCO_3, \text{mg/L}) = \dfrac{cV_2 \times 50 \times 1000}{V}$$

式中　c——标准氢氧化钠溶液浓度，mol/L；

　　　V_1——用甲基橙作滴定指示剂时消耗氢氧化钠标准溶液的体积，mL；

　　　V_2——用酚酞作滴定指示剂时消耗氢氧化钠标准溶液的体积，mL；

　　　V——水样体积，mL；

　　　50——碳酸钙（$1/2CaCO_3$）相对分子质量，g/mol。

七、注意事项

1. 水样取用体积,参考滴定时所耗氢氧化钠标准溶液用量,在 10~25mL 之间为宜。

2. 采集的样品用聚乙烯瓶或硅硼玻璃瓶贮存,并要使水样充满不留空间,盖紧瓶盖。若为废水样品,接触空气易引起微生物活动,容易减少或增加二氧化碳及其他气体。最好在一天之内分析完毕。对生物活动明显的水样应在 6h 内分析完。

3. 对酸度产生影响的溶解气体(如 CO_2、H_2S、NH_3),在取样保存或滴定时,都可能增加或损失。因此,在打开试样容器后,要迅速滴定到终点,防止干扰气体溶入试样。为了防止 CO_2 等溶解气体损失,在采样后,要避免剧烈摇动,并要尽快分析,否则要在低温下保存。

4. 含有三价铁和二价铁、锰、铝等可氧化或易水解的离子时,在常温滴定时的反应速率很慢,且生成沉淀,导致终点时指示剂褪色。遇此情况,应在加热后,进行滴定。

5. 水样中的游离氯会使甲基橙指示剂褪色,可在滴定前加入少量 0.1mol/L 硫代硫酸钠溶液去除。

6. 对有色的或浑浊的水样,可用无二氧化碳水稀释后滴定,或选用电位滴定法(pH 表示终点值仍为 8.3 和 3.7)。

实验十二 碱度的测定

一、实验目的

1. 掌握地表水中碱度的几种存在形式。
2. 掌握酸碱指示剂滴定法测定碱度的原理和方法。

二、实验原理

水样用标准酸溶液滴定至规定的 pH 值,其终点可由加入的酸碱指示剂在该 pH 值时颜色的变化来判断。

当滴定至酚酞指示剂由红色变为无色时溶液 pH 值即为 8.3,指示水中氢氧根离子(OH^-)已被中和,碳酸盐 CO_3^{2-} 均被转化为重碳酸盐 HCO_3^-,反应如下

$$OH^- + H^+ \longrightarrow H_2O$$

$$CO_3^{2-} + H^+ \longrightarrow HCO_3^-$$

当滴定至甲基橙指示剂由橘黄色变成橘红色时，溶液的 pH 值为 4.4～4.5，指示水中的重碳酸盐（包括原有的和由碳酸盐转化成的）已被中和，反应如下

$$HCO_3^- + H^+ \longrightarrow H_2O + CO_2 \uparrow$$

根据上述两个终点到达时所消耗的盐酸标准滴定溶液的量，可以计算出水中碳酸盐、重碳酸盐和总碱度。

上述计算方法不适用于污水和复杂体系中碳酸盐和重碳酸盐的计算。

三、试剂和材料

1. 无二氧化碳水：用于制备标准溶液和稀释用的蒸馏水或去离子水，临用前煮沸 15min，冷却至室温。pH 值应大于 6.0，电导率小于 $2\mu S/cm$。

2. 酚酞指示液：称取 0.5g 酚酞溶于 100mL 95％乙醇中，用 0.1mol/L 氢氧化钠溶液滴至出现淡红色为止。

3. 甲基橙指示剂：称取 0.05g 甲基橙溶于 100mL 蒸馏水中。

4. 碳酸钠标准溶液（$1/2Na_2CO_3$，0.0250mol/L）：称取 1.3249g 于 250℃烘干 4h 基准试剂无水碳酸钠（Na_2CO_3），溶于少量无二氧化碳水中，移入 1000mL 容量瓶中，用水稀释至标线，摇匀。贮于聚乙烯瓶中保存时间不要超过一周。

5. 盐酸标准溶液（0.0250mol/L）

用分度吸管吸取 2.1mL 浓盐酸（$\rho = 1.19g/mL$），并用蒸馏水稀释至 1000mL，此溶液浓度约 0.025mol/L。其准确浓度按下法标定：

用无分度吸管吸取 25.00mL 碳酸钠标准溶液于 250mL 锥形瓶中，加无二氧化碳水稀释至约 100mL，加入 3 滴甲基橙指示液，用盐酸标准溶液滴定至由橘黄色刚变成橘红色，记录盐酸标准溶液用量。按下式计算其准确浓度

$$c = 25.00 \times 0.0250 / V$$

式中　c——盐酸标准溶液浓度，mol/L；

　　　V——盐酸标准溶液用量，mL。

四、实验仪器

1. 酸式滴定管，25mL。
2. 锥形瓶，250mL。

五、实验步骤

1. 分取 100mL 水样于 250mL 锥形瓶中，加入 4 滴酚酞指示液，摇匀。当溶液呈红色时，用盐酸标准溶液滴定至刚刚褪至无色，记录盐酸标准溶液用量。若加酚酞指示剂后

溶液无色,则不需用盐酸标准溶液滴定,并接着进行下项操作。

2. 向上述锥形瓶中加入3滴甲基橙指示液,摇匀。继续用盐酸标准溶液滴定至溶液由橘黄色刚刚变为橘红色为止。记录盐酸标准溶液用量。

六、数据处理

对于多数天然水样,碱性化合物在水中所产生的碱度,有五种情形。为说明方便,令以酚酞作指示剂滴定至颜色变化时,所消耗盐酸标准溶液的量为 P mL,以甲基橙作指示剂时盐酸标准溶液用量为 M mL,则盐酸标准溶液总消耗量为 $T=M+P$。

(1) $P=T$ 或 $M=0$ 时

P 代表全部氢氧化物和碳酸盐的一半,由于 $M=0$ 表示不含有碳酸盐,也不含重碳酸盐。因此,$P=T=$氢氧化物。

(2) $P>\frac{1}{2}T$ 时

说明 $M>0$,有碳酸盐存在,且碳酸盐$=2M=2(T-P)$。而且由于 $P>M$,说明尚有氢氧化物存在,氢氧化物$=T-2(T-P)=2P-T$。

(3) $P=\frac{1}{2}T$ 即 $P=M$ 时

M 代表碳酸盐的一半,说明水中仅有碳酸盐。碳酸盐$=2P=2M=T$。

(4) $P<\frac{1}{2}T$ 时

此时,$M>P$,因此 M 除代表由碳酸盐生成的重碳酸盐外,尚有水中原有的重碳酸盐。碳酸盐$=2P$,重碳酸盐$=T-2P$。

(5) $P=0$ 时

此时,水中只有重碳酸盐存在。重碳酸盐$=T=M$。

以上五种情形的碱度表示于表 3-7 中。

表 3-7 碱度的组成

滴定的结果	氢氧化物(OH^-)	碳酸盐(CO_3^{2-})	重碳酸盐(HCO_3^-)
$P=T$	P	0	0
$P>1/2T$	$2P-T$	$2P-T$	0
$P=1/2T$	0	$2P$	0
$P<1/2T$	0	$2P$	$T-2P$
$P=0$	0	0	T

按下述公式计算各种情况下总碱度、碳酸盐、重碳酸盐的含量。

总碱度(以 CaO 计 mg/L)$=c(P+M)\times 28.04\times 1000/V$

总碱度(以 $CaCO_3$ 计 mg/L)$=c(P+M)\times 50.05\times 1000/V$

式中　c——盐酸标准溶液浓度，mol/L；

28.04——氧化钙 $1/2\text{CaO}$ 相对分子质量，g/mol；

50.05——碳酸钙 $1/2\text{CaCO}_3$ 相对分子质量，g/mol。

(1) 当 $P=T$ 时，$M=0$，碳酸盐（CO_3^{2-}）=0，重碳酸盐（HCO_3^-）=0。

(2) 当 $P>M$，$P>\dfrac{1}{2}T$ 时

碳酸盐碱度（以 CaO 计，mg/L）$=c(T-P)\times 28.04\times 1000/V$

碳酸盐碱度（以 CaCO_3 计，mg/L）$=c(T-P)\times 50.05\times 1000/V$

碳酸盐碱度（$1/2\text{CO}_3^{2-}$，mol/L）$=c(T-P)\times 1000/V$

重碳酸盐碱度（HCO_3^-）$=0$

(3) 当 $P=M$，$P=\dfrac{1}{2}T$ 时

碳酸盐碱度（以 CaO 计，mg/L）$=cP\times 28.04\times 1000/V$

碳酸盐碱度（以 CaCO_3 计，mg/L）$=cP\times 50.05\times 1000/V$

碳酸盐碱度（$1/2\text{CO}_3^{2-}$，mol/L）$=cP\times 1000/V$

重碳酸盐碱度（HCO_3^-，mg/L）$=0$

(4) $P<M$，当 $P<\dfrac{1}{2}T$ 时

碳酸盐碱度（以 CaO 计，mg/L）$=cP\times 28.04\times 1000/V$

碳酸盐碱度（以 CaCO_3 计，mg/L）$=cP\times 50.05\times 1000/V$

碳酸盐碱度（$1/2\text{CO}_3^{2-}$，mol/L）$=cP\times 1000/V$

重碳酸盐碱度（以 CaO 计，mg/L）$=c(T-2P)\times 28.04\times 1000/V$

重碳酸盐碱度（以 CaCO_3 计，mg/L）$=c(T-2P)\times 50.05\times 1000/V$

重碳酸盐碱度（HCO_3^-，mol/L）$=c(T-2P)\times 1000/V$

(5) 当 $P=0$ 时

碳酸盐碱度（CO_3^{2-}，mg/L）$=0$

重碳酸盐碱度（以 CaO 计，mg/L）$=cM\times 28.04\times 1000/V$

重碳酸盐碱度（以 CaCO_3 计，mg/L）$=cM\times 50.05\times 1000/V$

重碳酸盐碱度（HCO_3^-，mol/L）$=cM\times 1000/V$

七、注意事项

水样浑浊、有色均干扰测定，遇此情况，可用电位滴定法测定。能使指示剂褪色的氧化还原性物质也干扰测定。例如水样中余氯可破坏指示剂（含余氯时，可加入 1～2 滴 0.1mol/L 硫代硫酸钠溶液消除）。

实验十三　氟化物的测定

一、实验目的

掌握离子选择电极法测定水中氟化物的原理和方法。

二、相关标准和依据

本方法主要依据 GB 7484—87《水质　氟化物的测定　离子选择电极法》，适用于测定地面水、地下水和工业废水中的氟化物。

三、实验原理

当氟电极与含氟的试液接触时，电池的电动势 E 随溶液中氟离子活度变化而改变（遵守 Nernst 方程）。当溶液的总离子强度为定值且足够时，服从关系式：

$$E = E_0 - \frac{2.303RT}{F} \lg c_{F^-}$$

E 与 $\lg c_{F^-}$ 呈直接关系，$\frac{2.303RT}{F}$ 为该直线的斜率，也为电极的斜率。

工作电池可表示如下：

Ag|AgCl|Cl$^-$（0.3mol/L），F$^-$（0.001mol/L）|LaF$_3$‖试液‖外参比电极。

四、试剂和材料

1. 盐酸（HCl），2mol/L。
2. 硫酸（H$_2$SO$_4$），$\rho = 1.84$g/mL。
3. 总离子强度调节缓冲溶液（TISAB）

（1）0.2mol/L 柠檬酸钠-1mol/L 硝酸钠（TISAB Ⅰ）

称取 58.8g 二水合柠檬酸钠和 85g 硝酸钠，加水溶解，用盐酸调节 pH 至 5~6，转入 1000mL 容量瓶中，稀释至标线，摇匀。

（2）总离子强度调节缓冲溶液（TISAB Ⅱ）

量取约 500mL 水于 1L 烧杯内，加入 57mL 冰乙酸、58g 氯化钠和 4.0g 环己二胺四乙酸（cyclohexylene dinitrilo tetraacetic acid，CDTA），或者 1,2-环己撑二胺四乙酸（1,2-diaminocyclohexane N,N,N-tetraacetic acid），搅拌溶解。置烧杯于冷水浴中，慢慢地在不断搅

拌下加入6mol/L NaOH（约125mL）使pH达到5.0~5.5之间，转移溶液至1000mL容量瓶中，稀释至标线，摇匀。

（3）1mol/L 六次甲基四胺-1mol/L 硝酸钾-0.03mol/L 钛铁试剂（TISAB Ⅲ）

称取142g 六次甲基四胺 $[(CH_2)_6N_4]$ 和85g 硝酸钾（KNO_3）、9.97g 钛铁试剂（$C_6H_4Na_2O_8S_2 \cdot H_2O$），加水溶解。调节pH至5~6，转移到1000mL容量瓶中，用水稀释至标线，摇匀。

4. 氯化物标准贮备液：称取0.2210g 基准氟化钠（NaF）（预先于105~110℃干燥2h，或者于500~650℃干燥约40min，干燥器内冷却），用水溶解后转入1000mL容量瓶中，稀释至标线，摇匀。贮存在聚乙烯瓶中，此溶液每毫升含氟100μg。

5. 氟化物标准溶液：用无分度吸管取氟化钠标准贮备液10.00mL，注入100mL容量瓶中，稀释至标线，摇匀。此溶液每毫升含氟（F^-）10.0μg。

6. 乙酸钠（CH_3COONa）：称取15g 乙酸钠溶于水，并稀释至100mL。

7. 高氯酸（$HClO_4$），70%~72%。

五、实验仪器

1. 氟离子选择电极。
2. 饱和甘汞电极或氯化银电极。
3. 离子活度计、毫伏计或pH计，精确到0.1mV。
4. 磁力搅拌器：具备覆盖聚乙烯或者聚四氟乙烯等的搅拌棒。
5. 聚乙烯杯：100mL；150mL。
6. 氟化物的水蒸气蒸馏装置：见图3-5。

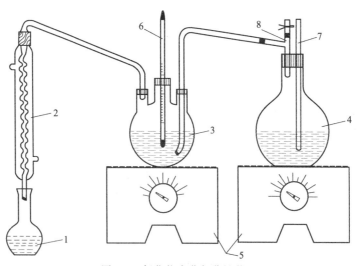

图3-5 氟化物水蒸气蒸馏装置

1—接收瓶（200mL容量瓶）；2—蛇形冷凝管；3—250mL直口三角烧瓶；4—水蒸气发生瓶；
5—可调电炉；6—温度计；7—安全管；8—三通管（排气用）

六、实验步骤

1. 样品的采集和保存

实验室样品应该用聚乙烯瓶采集和贮存。如果水样中氟化物含量不高，pH 在 7 以上，也可以用硬质玻璃瓶存放。采样时应先用水样冲洗取样瓶 3~4 次。

2. 样品的预处理

试样如果成分不太复杂，可直接取出试样。如果含有氟硼酸盐或者污染严重，则应先进行蒸馏。

在沸点较高的酸溶液中，氟化物可形成易挥发的氢氟酸和氟硅酸，与干扰组分按以下步骤分离：准确取适量（例如 25.00mL）水样，置于蒸馏瓶中，并在不断摇动下缓慢加入 15mL 高氯酸，按图 3-5 连接好装置，加热，待蒸馏瓶内溶液温度约为 130℃时，开始通入蒸汽，并维持温度在 (140±5)℃，控制蒸馏速度约 5~6mL/min，待接收瓶馏出液体积约为 150mL 时，停止蒸馏，并用水稀释至 200mL，供测定用。

3. 仪器的准备，按测定仪器和电极的使用说明书进行。

4. 在测定前应使试样达到室温，并使试样和标准溶液的温度相同（温差不得超过±1℃）。

5. 测定

用移液管吸取适量试样，置于 50mL 容量瓶中，用乙酸钠或盐酸调节至近中性，加入 10mL 总离子强度调节缓冲溶液，用水稀释至标线，摇匀，将其注入 100mL 聚乙烯杯中，放入一只塑料搅拌棒，插入电极，连续搅拌溶液，待电位稳定后，在继续搅拌时读取电位值 E_x。在每一次测量之前，都要用水充分冲洗电极，并用滤纸吸干。根据测得的电压 (mV)，由校准曲线查找氟化物的含量。

6. 空白实验

用水代替试样，按上述的条件和步骤进行空白实验。

7. 校准

(1) 校准曲线法

用移液管分别吸取 1.00、3.00、5.00、10.0、20.0mL 氟化物标准溶液，置于 50mL 容量瓶中，加入 10mL 总离子强度调节缓冲溶液，用水稀释至标线，摇匀，分别注入 100mL 聚乙烯杯中，各放入一只塑料搅拌棒，以浓度由低到高为顺序，依次插入电极，连续搅拌溶液，待电位稳定后，在继续搅拌时读取电位值 E。在每一次测量之前，都要用水冲洗电极，并用滤纸吸干。在半对数坐标纸上绘制 $E(\text{mV})$-$\lg c_{F^-}(\text{mg/L})$ 校准曲线，浓度标示在对数分格上，最低浓度标示在横坐标的起点线上。

(2) 一次标准加入法

当样品组成复杂或成分不明时，宜采用一次标准加入法，以便减小基体的影响。

先测定出试样的电位值 E_1，然后向试样中加入一定量（与试样中氟含量相近）的氟化物标准溶液，在不断搅拌下读取平衡电位值 E_2。E_2 与 E_1 的电压值以相差 30~40mV 为宜。

结果的计算如下式

$$c_x = c_s Q \Delta E$$

$$Q\Delta E = \frac{\dfrac{V_s}{V_s+V_x}}{10^{\Delta E/S} - \dfrac{V_x}{V_x+V_s}}$$

$$\Delta E = E_2 - E_1$$

式中 c_x——待测试样的浓度，mg/L；

c_s——加入标准溶液的浓度，mg/L；

V_s——加入标准溶液的体积，mL；

V_x——测定时所取试样的体积，mL；

E_1——测得试样的电位值，mV；

E_2——试样加入标准溶液后测得的电位值，mV；

S——电极实测斜率。

固定 V_s 与 V_x 的比值，可事先将 $Q\Delta E$ 计算出，并制成表供查用，实际分析时，按测得的 ΔE 值由表中查出相应的 $Q\Delta E$。

8. 电极的存放

电极用后应用水充分冲洗干净，并用滤纸吸去水分，放在空气中，或者放在稀的氟化物标准溶液中，如果短时间不再使用，应洗净，吸去水分，套上保护电极敏感部位的保护帽，电极使用前应充分冲洗，并去掉水分。

七、数据处理

1. 计算方法（氟含量，以 mg/L 表示）

根据测定所得的电压值，从校准曲线上，查得相应的以 mg/L 表示的氟离子含量。

测定结果，可以用氟离子的质量浓度（mg/L）表示，也可以用其他认为方便的方式表示。如果试样中氟化物含量低，则应从测定值中扣除空白实验值。

2. 精密度和精确度

① 含氟 1.0μg/mL、10 倍量的铝（Ⅲ）、200 倍的铁（Ⅲ）和硅（Ⅳ）的合成水样，九次平行测定的相对标准偏差为 0.3%，加标回收率为 99.4%。

② 化工厂、玻璃厂、磷肥厂等的十几种工业废水、二十三个实验的分析，回收率在 90%～108%之间。

◆ 实验十四　游离氯和总氯的测定 ◆

一、实验目的

掌握 N,N-二乙基-1,4-苯二胺滴定法测定游离氯和总氯的方法。

二、相关标准和依据

本方法主要依据 HJ 585—2010《水质 游离氯和总氯的测定 N,N-二乙基-1,4-苯二胺滴定法》，适用于工业废水、医疗废水、生活污水、中水和污水再生的景观用水中游离氯和总氯的测定。

检出限（以 Cl_2 计）为 0.02mg/L，测定范围（以 Cl_2 计）为 0.08～5.00mg/L。对于游离氯和总氯浓度超过方法测定上限的样品，可适当稀释后进行测定。

三、实验原理

1. 游离氯测定

在 pH 为 6.2～6.5 条件下，游离氯与 N,N-二乙基-1,4-苯二胺（DPD）生成红色化合物，用硫酸亚铁铵标准溶液滴定至红色消失。

2. 总氯测定

在 pH 为 6.2～6.5 条件下，存在过量碘化钾时，单质氯、次氯酸、次氯酸盐和氯胺与 DPD 反应生成红色化合物，用硫酸亚铁铵标准溶液滴定至红色消失。

四、试剂和材料

1. 实验用水：为不含氯和还原性物质的去离子水或二次蒸馏水。
2. 浓硫酸，$\rho = 1.84$g/mL。
3. 正磷酸，$\rho = 1.71$g/mL。
4. 碘化钾：晶体。
5. 氢氧化钠溶液，$c(NaOH) = 2.0$mol/L：称取 80.0g 氢氧化钠，溶解于 500mL 水中，待溶液冷却后移入 1000mL 容量瓶，加水至标线，混匀。
6. 次氯酸钠溶液，$\rho(Cl_2) \approx 0.1$g/L：由次氯酸钠浓溶液（商品名，安替福民）稀释而成。
7. 重铬酸钾标准溶液，$c(1/6 K_2Cr_2O_7) = 100.0$mmol/L：准确称取 4.904g 研细的重铬酸钾（105℃烘干 2h 以上），溶解于 1000mL 容量瓶中，加水至标线，混匀。
8. 硫酸亚铁铵贮备液，$c[(NH_4)_2Fe(SO_4)_2 \cdot 6H_2O] \approx 56$mmol/L

称取 22.0g 六水合硫酸亚铁铵，溶解于含 5.0mL 浓硫酸的水中，移入 1000mL 棕色容量瓶中，加水至标线，混匀。测定前进行标定。

标定方法：向 250mL 锥形瓶中，依次加入 50.0mL 硫酸亚铁铵贮备液、5.0mL 正磷酸和 4 滴二苯胺磺酸钡指示液。用重铬酸钾标准溶液滴定到出现墨绿色，溶液颜色保持不变时为终点。此溶液的浓度以每升含氯（Cl_2）毫摩尔数表示，按下式计算

$$c_1 = \frac{c_2 V_2}{2V_1}$$

式中 c_1——硫酸亚铁铵贮备液的浓度，mmol/L；

c_2——重铬酸钾标准溶液的浓度，mmol/L；

V_2——滴定消耗重铬酸钾标准溶液的体积，mL；

V_1——硫酸亚铁铵贮备液的体积，mL；

2——每摩尔硫酸亚铁铵相当于氯（Cl_2）的物质的量。

9. 硫酸亚铁铵标准滴定液，$c[(NH_4)_2Fe(SO_4)_2 \cdot 6H_2O] \approx 2.8 mmol/L$

取 50.0mL 硫酸亚铁铵贮备液于 1000mL 容量瓶中，加水至标线，混匀，存放于棕色试剂瓶中，临用现配。

以每升含氯（Cl_2）毫摩尔数表示此溶液的浓度 c_3（mmol/L），按下式计算：

$$c_3 = \frac{c_1}{20}$$

10. 二苯胺磺酸钡指示液，$\rho[(C_6H_5-NH-C_6H_4-SO_3)_2Ba] = 3.0 g/L$：称取 0.30g 二苯胺磺酸钡溶解于 100mL 容量瓶中，加水至标线，混匀。

11. 磷酸盐缓冲溶液

pH=6.5，称取 24.0g 无水磷酸氢二钠（Na_2HPO_4）或 60.5g 十二水合磷酸氢二钠（$Na_2HPO_4 \cdot 12H_2O$），以及 46.0g 磷酸二氢钾（KH_2PO_4），依次溶于水中，加入 100mL 浓度为 8.0g/L 的二水合 EDTA 二钠（$C_{10}H_{14}N_2O_8Na_2 \cdot 2H_2O$）溶液或 0.8g EDTA 二钠固体，转移至 1000mL 容量瓶中，加水至标线，混匀。必要时，可加入 0.020g 氯化汞，以防止霉菌繁殖及试剂内痕量碘化物对游离氯检验的干扰。

12. N,N-二乙基-1,4-苯二胺硫酸盐（DPD）溶液，$\rho[NH_2-C_6H_4-N(C_2H_5)_2 \cdot H_2SO_4] = 1.1 g/L$

将 2.0mL 浓硫酸和 25mL 浓度为 8.0g/L 的二水合 EDTA 二钠溶液或 0.2g EDTA 二钠固体，加入 250mL 水中配制成混合溶液。将 1.1g 无水 DPD 硫酸盐或 1.5g 五水合物，加入上述混合液中，转移至 1000mL 棕色容量瓶中，加水至标线，混匀。溶液装在棕色试剂瓶内，4℃保存。若溶液长时间放置后变色，应重新配制。

13. 亚砷酸钠溶液，$\rho(NaAsO_2) = 2.0 g/L$；或硫代乙酰胺溶液，$\rho(CH_3CSNH_2) = 2.5 g/L$。

五、实验仪器

1. 微量滴定管：5mL，0.02mL 分度。
2. 一般实验室常用仪器和设备。

注：实验中的玻璃器皿需在次氯酸钠溶液中浸泡 1h，然后用水充分漂洗。

六、实验步骤

1. 样品的采集与保存

游离氯和总氯不稳定，样品应尽量现场测定。如样品不能现场测定，则需对样品加入固定剂保存。预先加入采样体积1‰的NaOH溶液到棕色玻璃瓶中，采集水样使其充满采样瓶，立即加盖塞紧并密封，避免水样接触空气。若样品呈酸性，应加大NaOH溶液的加入量，确保水样pH>12。

水样用冷藏箱运送，在实验室内4℃、避光条件下保存，5d内测定。

2. 样品的制备

取100mL样品作为试样V_0。如总氯（Cl_2）超过5mg/L，需取较小体积样品，用水稀释至100mL。

3. 游离氯测定

在250mL锥形瓶中，依次加入15.0mL磷酸盐缓冲溶液、5.0mL DPD溶液和试样，混匀。立即用硫酸亚铁铵标准滴定液滴定至无色为终点，记录滴定消耗溶液体积V_3（mL）。

对于含有氧化锰和六价铬的试样可通过测定两者含量消除其干扰。取100mL试样于250mL锥形瓶中，加入1.0mL亚砷酸钠溶液或硫代乙酰胺溶液，混匀。再加入15.0mL磷酸盐缓冲液和5.0mL DPD溶液，立即用硫酸亚铁铵标准滴定液滴定，溶液由粉红色滴定至无色为终点，测定氧化锰的干扰。若有六价铬存在，30min后，溶液颜色变成粉红色，继续滴定六价铬的干扰，使溶液由粉红色滴定至无色为终点。记录滴定消耗溶液体积V_5，相当于氧化锰和六价铬的干扰。若水样需稀释，应测定稀释后样品的氧化锰和六价铬干扰。

4. 总氯测定

在250mL锥形瓶中，依次加入15.0mL磷酸盐缓冲溶液、5.0mL DPD溶液和试样，加入1g碘化钾，混匀。2min后，用硫酸亚铁铵标准滴定液滴定至无色为终点。如在2min内观察到粉红色再现，继续滴定至无色作为终点，记录滴定消耗溶液体积V_4。

对于含有氧化锰和六价铬的试样可通过测定其含量消除干扰。

七、数据处理

1. 游离氯的计算

水样中游离氯的质量浓度ρ（以Cl_2计），按照下式进行计算

$$\rho(Cl_2) = \frac{c_3(V_3-V_5)}{V_0} \times 70.91$$

式中 c_3——硫酸亚铁铵标准滴定液的浓度（以Cl_2计），mmol/L；

V_3——测定中消耗硫酸亚铁铵标准滴定液的体积，mL；

V_5——校正氧化锰和六价铬干扰时消耗硫酸亚铁铵标准滴定液的体积，mL，若不存在氧化锰和六价铬，$V_5=0$mL；

V_0——试样体积，mL；

70.91——Cl_2的相对分子质量，g/mol。

2. 总氯的计算

水样中总氯的质量浓度 ρ（以 Cl_2 计），按照下式进行计算

$$\rho(Cl_2) = \frac{c_3(V_4 - V_5)}{V_0} \times 70.91$$

式中 V_4——测定中消耗硫酸亚铁铵标准滴定液的体积，mL。

八、注意事项

1. 当样品在现场测定时，若样品过酸、过碱或盐浓度较高，应增加磷酸盐缓冲溶液的加入量，以确保试样的 pH 值在 6.2～6.5。测定时，样品应避免强光、振摇和温热。

2. 若样品需运回实验室分析，对于酸性很强的样品，应增加固定剂 NaOH 溶液的加入量，使样品 pH＞12；若样品 NaOH 溶液加入体积大于样品体积的 1%，样品体积 V_0 应进行校正；对于碱性很强的样品（pH＞12），则不需加入固定剂，测定时应增加磷酸盐缓冲溶液的加入量，使试样的 pH 值在 6.2～6.5；对于加入固定剂的高盐样品，测定时也需调整磷酸盐缓冲溶液的加入量，使试样的 pH 值在 6.2～6.5。

3. 测定游离氯和总氯的玻璃器皿应分开使用，以防止交叉污染。

4. 二氧化氯对游离氯和总氯的测定产生干扰，亚氯酸盐对总氯的测定产生干扰。二氧化氯和亚氯酸盐可通过测定其浓度加以校正。高浓度的一氯胺对游离氯的测定产生干扰。可以通过加亚砷酸钠溶液或硫代乙酰胺溶液消除一氯胺的干扰。氧化锰和六价铬会对测定产生干扰。通过测定氧化锰和六价铬的浓度可消除干扰。

5. 本方法在以下氧化剂存在的情况下有干扰：溴、碘、溴胺、碘胺、臭氧、过氧化氢、铬酸盐、氧化锰、六价铬、亚硝酸根、铜离子（Cu^{2+}）和铁离子（Fe^{3+}）。其中 Cu^{2+}（＜8mg/L）和 Fe^{3+}（＜20mg/L）的干扰可通过缓冲溶液和 DPD 溶液中的 Na_2-EDTA 掩蔽，氧化锰和六价铬的干扰可通过滴定测定进行校正，其他氧化物干扰加亚砷酸钠溶液或硫代乙酰胺溶液消除。铬酸盐的干扰可通过加入氯化钡消除。

实验十五　氯化物的测定

一、实验目的

掌握硝酸银滴定法测定氯化物的原理和方法。

二、相关标准和依据

本方法主要依据 GB 11896—89《水质 氯化物的测定 硝酸银滴定法》，适用于天然水

中氯化物的测定,也适用于经过稀释的高矿化度水,如咸水、海水等,以及经过预处理除去干扰物的生活污水或工业废水。

本方法适用于浓度范围为 10~500mg/L 的氯化物。高于此范围的水样经稀释后可以扩大其测定范围。

三、实验原理

在中性至弱碱性范围(pH 6.5~10.5)以铬酸钾为指示剂,用硝酸银滴定氯化物时,由于氯化银的溶解度小于铬酸银的溶解度,氯离子首先被完全沉淀,然后铬酸盐以铬酸银的形式被沉淀,产生砖红色,指示滴定终点到达。该沉淀滴定的反应式如下:

$$Ag^+ + Cl^- \longrightarrow AgCl \downarrow$$
$$2Ag^+ + CrO_4 \longrightarrow Ag_2CrO_4 \downarrow (砖红色)$$

铬酸根离子的浓度与沉淀形成的快慢有关,必须加入足量的指示剂。且由于稍过量的硝酸银与铬酸钾形成铬酸银沉淀,终点较难判断,所以需要用蒸馏水做空白滴定,以作对照判断,使终点色调一致。

四、试剂和材料

1. 高锰酸钾,$c(1/5KMnO_4)=0.01mol/L$。
2. 过氧化氢(H_2O_2),30%。
3. 乙醇(C_6H_5OH),95%。
4. 硫酸溶液,$c(1/2H_2SO_4)=0.05mol/L$。
5. 氢氧化钠溶液,$c(NaOH)=0.05mol/L$。
6. 氢氧化铝悬浮液:溶解 125g 硫酸铝钾 [$KAl(SO_4)_2 \cdot 12H_2O$] 于 1L 蒸馏水中,加热至 60℃,然后边搅拌边缓缓加入 55mL 浓氨水,放置约 1h 后,移至大瓶中,用倾泻法反复洗涤沉淀物,直到洗出液不含氯离子为止。用水稀释至约 300mL。
7. 氯化钠标准溶液,$c(NaCl)=0.0141mol/L$

相当于 500mg/L 氯化物含量,将氯化钠置于瓷坩埚内,在 500~600℃下灼烧 40~50min。在干燥器中冷却后称取 8.2400g,溶于蒸馏水中,在容量瓶中稀释至 1000mL。用吸管吸取 10.0mL,在容量瓶中准确稀释至 100mL。

1.00mL 此标准溶液含 0.50mg 氯化物(Cl^-)。

8. 硝酸银标准溶液,$c(AgNO_3)=0.0141mol/L$:称取 2.3950g 于 105℃烘半小时的硝酸银,溶于蒸馏水中,在容量瓶中稀释至 1000mL,贮于棕色瓶中。

用氯化钠标准溶液标定其浓度:

用吸管准确吸取 25.00mL 氯化钠标准溶液于 250mL 锥形瓶中,加蒸馏水 25mL。另取一锥形瓶,量取蒸馏水 50mL 作空白。各加入 1mL 铬酸钾溶液,在不断摇动下用硝酸银标准溶液滴定至砖红色沉淀刚刚出现为终点。计算每毫升硝酸银溶液所相当的氯化物量,然后校正其浓度,再做最后标定。

1.00mL 此标准溶液相当于 0.50mg 氯化物（Cl^-）。

9. 铬酸钾溶液,50g/L:称取 5g 铬酸钾溶于少量蒸馏水中,滴加硝酸银溶液至有红色沉淀生成。摇匀,静置 12h,然后过滤并用蒸馏水将滤液稀释至 100mL。

10. 酚酞指示剂溶液:称取 0.5g 酚酞溶于 50mL 95% 乙醇中。加入 50mL 蒸馏水,再滴加 0.05mol/L 氢氧化钠溶液使呈微红色。

五、实验仪器

1. 锥形瓶,250mL。
2. 滴定管,25mL,棕色。
3. 吸管,50mL,25mL。

六、实验步骤

1. 样品的预处理

① 若水样浑浊且带有颜色,则取 150mL 或取适量水样稀释至 150mL,置于 250mL 锥形瓶中,加入 2mL 氢氧化铝悬浮液,振荡过滤,弃去最初滤下的 20mL,用干的清洁锥形瓶接取滤液备用。

② 如果有机物含量高或色度高,可用马弗炉灰化法预先处理水样。取适量废水水样于瓷蒸发皿中,调节 pH 值至 8~9,置水浴上蒸干,然后放入马弗炉中在 600℃ 下灼烧 1h,取出冷却后,加 10mL 蒸馏水,移入 250mL 锥形瓶中,并用蒸馏水清洗三次,一并转入锥形瓶中,调节 pH 到 7 左右,稀释至 50mL。

③ 由有机质产生的较轻色度,可以加入 0.01mol/L 高锰酸钾 2mL,煮沸。再滴加乙醇以除去多余的高锰酸钾至水样褪色,过滤,滤液贮于锥形瓶中备用。

④ 如果水样中含有硫化物、亚硫酸盐或硫代硫酸盐,则加氢氧化钠溶液将水样调至中性或弱碱性,加入 1mL 30% 过氧化氢,摇匀。1min 后加热至 70~80℃,以除去过量的过氧化氢。

2. 样品的测定

① 用吸管吸取 50mL 水样或经过预处理的水样（若氯化物含量高,可取适量水样用蒸馏水稀释至 50mL）,置于锥形瓶中。另取一锥形瓶加入 50mL 蒸馏水作空白实验。

② 如水样 pH 在 6.5~10.5 范围内,可直接滴定,超出此范围的水样应以酚酞作指示剂,用稀硫酸或氢氧化钠的溶液调节至红色刚刚褪去。

③ 加入 1mL 铬酸钾溶液,用硝酸银标准溶液滴定至砖红色沉淀刚刚出现即为滴定终点。同法作空白滴定。

七、数据处理

氯化物含量 c (mg/L) 按下式计算

$$c = \frac{(V_2 - V_1)M \times 35.45 \times 1000}{V}$$

式中　V_1——蒸馏水消耗硝酸银标准溶液体积，mL；

　　　V_2——试样消耗硝酸银标准溶液体积，mL；

　　　M——硝酸银标准溶液浓度，mol/L；

　　　V——试样体积，mL。

实验十六　总铬的测定

Ⅰ　高锰酸钾氧化-二苯碳酰二肼分光光度法

一、实验目的

掌握高锰酸钾氧化-二苯碳酰二肼分光光度法测定总铬的原理和方法。

二、相关标准和依据

本方法主要依据 GB 7466—87《水质　总铬的测定》。

三、实验原理

在酸性溶液中，试样的三价铬被高锰酸钾氧化成六价铬。六价铬与二苯碳酰二肼反应生成紫红色化合物，于波长 540nm 处进行分光光度测定。过量的高锰酸钾用亚硝酸钠分解，而过量的亚硝酸钠又被尿素分解。

四、试剂和材料

1. 丙酮（C_3H_6O）。
2. 硫酸溶液（1+1）：将硫酸（H_2SO_4，$\rho = 1.84g/mL$，优级纯）缓缓加入到同体积的水中，混匀。
3. 磷酸（1+1）：将磷酸（H_3PO_4，$\rho = 1.69g/mL$）与水等体积混合。
4. 硝酸（HNO_3），$\rho = 1.42g/mL$。

5. 氯仿（$CHCl_3$）。

6. 高锰酸钾，40g/L 溶液：称取高锰酸钾（$KMnO_4$）4g，在加热和搅拌下溶于水，最后稀释至 100mL。

7. 尿素，200g/L 溶液：称取尿素 $[(NH_2)_2CO]$ 20g，溶于水并稀释至 100mL。

8. 亚硝酸钠，20g/L 溶液：称取亚硝酸钠（$NaNO_2$）2g，溶于水并稀释至 100mL。

9. 氢氧化铵（1+1）：氨水（$NH_3 \cdot H_2O$，$\rho=0.90g/mL$）与等体积水混合。

10. 铜铁试剂，50g/L 溶液：称取铜铁试剂 $[C_6H_5N(NO)ONH_4]$ 5g，溶于冰水中并稀释至 100mL，临用时新配。

11. 铬标准贮备溶液，0.1000g/L：称取于 110℃干燥 2h 的重铬酸钾（$K_2Cr_2O_7$，优级纯）(0.2829±0.0001)g，用水溶解后，移入 1000mL 容量瓶中，用水稀释至标线，摇匀。此溶液 1mL 含 0.10mg 铬。

12. 铬标准溶液，1mg/L：吸取 5.00mL 铬标准贮备溶液，置于 500mL 容量瓶中，用水稀释至标线，摇匀。此溶液 1mL 含 $1.00\mu g$ 铬。使用当天配制。

13. 铬标准溶液，5.00mg/L：吸取 25.00mL 铬标准贮备溶液，置于 500mL 容量瓶中，用水稀释至标线，摇匀。此溶液 1mL 含 $5.00\mu g$ 铬。使用当天配制。

14. 显色剂：二苯碳酰二肼，2g/L 丙酮溶液。称取二苯碳酰二肼（$C_{13}H_{14}N_4O$）0.2g，溶于 50mL 丙酮中，加水稀释至 100mL，摇匀。贮于棕色瓶，置冰箱中。溶液颜色变深后，不能使用。

五、实验仪器

分光光度计。

注：所有玻璃器皿内壁须光洁，以免吸附铬离子。不得用重铬酸钾洗液洗涤，可用硝酸、硫酸混合液或合成洗涤剂洗涤，洗涤后要冲洗干净。

六、实验步骤

1. 样品的采集和保存

实验室样品应该用玻璃瓶采集。采集时，加入硝酸调节样品 pH 值小于 2。在采集后尽快测定，如放置，不得超过 24h。

2. 样品的预处理

（1）一般清洁地面水可直接用高锰酸钾氧化后测定。

（2）硝酸-硫酸消解

样品中含有大量的有机物需进行消解处理。

取 50.0mL 或适量样品（含铬少于 $50\mu g$），置于 100mL 烧杯中，加入 5mL 硝酸和 3mL 硫酸，蒸发至冒白烟，如溶液仍有色，再加入 5mL 硝酸，重复上述操作，至溶液清澈，冷却。

用水稀释至 10mL，用氢氧化铵溶液中和至 pH 为 1～2，移入 50mL 容量瓶中，用水稀释至标线，摇匀，供测定。

(3) 铜铁试剂-氯仿萃取除去钼、钒、铁、铜

取 50.0mL 或适量样品（铬含量少于 50μg），置于 100mL 分液漏斗中，用氢氧化铵溶液调至中性（加水至 50mL）。加入 3mL 硫酸溶液（1+1）。

用冰水冷却后，加入 5mL 铜铁试剂，振摇 1min，置冰水中冷却 2min。每次用 5mL 氯仿共萃取三次，弃去氯仿层。

将水层移入锥形瓶中，用少量水洗涤分液漏斗，洗涤水亦并入锥形瓶中。加热煮沸，使水层中氯仿挥发后，按上面方式处理。

3. 高锰酸钾氧化三价铬

① 取 50.0mL 或适量（铬含量少于 50μg）样品或上面方法处理的试样，置于 150mL 锥形瓶中，用氢氧化铵溶液或硫酸溶液（稀释后的）调至中性，加入几粒玻璃珠，加入 0.5mL 硫酸溶液（1+1）、0.5mL 磷酸溶液（1+1）（加水至 50mL），摇匀，加 2 滴高锰酸钾溶液，如紫红色消褪，则应添加高锰酸钾溶液保持紫红色。加热煮沸至溶液体积约剩 20mL。

② 取下冷却，加入 1mL 尿素溶液，摇匀。用滴管滴加亚硝酸钠溶液，每加一滴充分摇匀，至高锰酸钾的紫红色刚好褪去。稍停片刻，待溶液内气泡逸出，转移至 50mL 比色管中。

注：① 也可用叠氮化钠还原过量的高锰酸钾。即在氧化步骤完成后取下，趁热逐滴加入浓度为 2g/L 的叠氮化钠溶液，每加一滴立即摇匀，煮沸，重复数次，至紫红色完全褪去，继续煮沸 1min。

警告：叠氮化钠是易爆危险品。

② 如样品中含有少量铁（Fe^{3+}）干扰测定，可将上述样品中加入 0.5mL 硫酸（1+1），0.5mL 磷酸溶液改为加入 1.5mL 磷酸溶液。

4. 测定

取 50mL 或适量（含铬量少于 50μg）经上述预处理后的试样，置于 50mL 比色管中，用水稀释至刻线，加入 2mL 显色剂，摇匀。10min 后，在 540nm 波长下，用 10mm 或 30mm 光程的比色皿，以水做参比，测定吸光度。减去空白实验吸光度，从校准曲线上查得铬的含量。

5. 空白实验

按与试样完全相同的处理步骤进行空白实验，仅用 50mL 水代替试样。

6. 校准曲线的绘制

向一系列 150mL 锥形瓶中分别加入 0、0.20、0.50、1.00、2.00、4.00、6.00、8.00、10.00mL 铬标准溶液，用水稀释至 50mL，然后按照测定试样的步骤 2，3，4 进行处理。从测得的吸光度减去空白实验的吸光度后，绘制以含铬量对吸光度的曲线。

七、数据处理

总铬含量 c_1（mg/L）按下式计算

$$c_1 = \frac{m}{V}$$

式中　m——从校准曲线上查得的试样中含铬量，μg；

　　　V——试样的体积，mL。

铬含量低于 0.1mg/L，结果以三位小数表示。六价铬含量高于 0.1mg/L，结果以三位有效数字表示。

Ⅱ 硫酸亚铁铵滴定法

一、实验目的

掌握硫酸亚铁铵滴定法测定水中总铬的原理和方法。

二、相关标准和依据

本方法主要依据 GB 7466—87《水质　总铬的测定》。

三、实验原理

在酸性溶液中：以银盐作催化剂，用过硫酸铵将三价铬氧化成六价铬。加入少量氯化钠并煮沸，除去过量的过硫酸铵和反应中产生的氯气。以苯基代邻氨基苯甲酸做指示剂，用硫酸亚铁铵溶液滴定，使六价铬还原为三价铬，溶液呈绿色为终点。根据硫酸亚铁铵溶液的用量，计算出样品中总铬的含量。

钒对测定有干扰，但在一般含铬废水中钒的含量在允许限以下。

四、试剂和材料

1. 5%（体积分数）硫酸溶液：取硫酸（1.84g/L）100mL 缓慢加入到 2L 水中，混匀。
2. 磷酸（H_3PO_4），$\rho = 1.69$g/mL。
3. 硫酸-磷酸混合液：取 150mL 硫酸缓慢加入到 700mL 水中，冷却后，加入 150mL 磷酸混匀。
4. 过硫酸铵 $[(NH_4)_2S_2O_8]$，250g/L 溶液。
5. 铬标准溶液：称取于 110℃ 干燥 2h 的重铬酸钾（$K_2Cr_2O_7$，优级纯）（0.5658±0.0001)g，用水溶解后，移水 1000mL 容量瓶中，加入稀释至标线，摇匀。此溶液 1mL

含 0.2mg 铬。

6. 硫酸亚铁铵溶液

称取硫酸亚铁铵 $[(NH_4)_2Fe(SO_4)_2 \cdot 6H_2O]$ (3.95 ± 0.01)g，用 500mL 硫酸溶液 [5%（体积分数）硫酸溶液] 溶解，过滤至 2000mL 容量瓶中，用硫酸溶液 [5%（体积分数）硫酸溶液] 稀释至标线。临用时，用铬标准溶液标定。

标定：吸取三份各 25.0mL 铬标准溶液，置于 500mL 锥形瓶中，用水稀释至 200mL 左右。加入 200mL 硫酸-磷酸混合液，用硫酸亚铁铵溶液滴定至淡黄色。加入 3 滴苯基代邻氨基苯甲酸指示剂，继续滴定至溶液由红色突变为亮绿色为终点，记录用量 V。

三份铬标准溶液所消耗硫酸亚铁铵溶液的体积（mL）的极差值不应超过 0.05mL，取其平均值。按下式计算

$$T = \frac{0.20 \times 25.0}{V} = \frac{5.0}{V}$$

式中 T——硫酸亚铁铵溶液对铬的滴定度，mg/mL。

7. 硫酸锰，10g/L 溶液：将 1g 硫酸锰（$MnSO_4 \cdot 2H_2O$）溶于水并稀释至 100mL。
8. 硝酸银，5g/L 溶液：将 0.5g 硝酸银（$AgNO_3$）溶于水并稀释至 100mL。
9. 无水碳酸钠，50g/L 溶液：将 5g 无水碳酸钠（Na_2CO_3）溶于水并稀释至 100mL。
10. 氢氧化铵（1+1）：取氨水（$\rho=0.90$g/mL）加入等体积水中，混匀。
11. 氯化钠，10g/L 溶液：将 1g 氯化钠（NaCl）溶于水并稀释至 100mL。
12. 苯基代邻氨基苯甲酸指示剂：称取苯基代邻氨基苯甲酸（phenylan thranilic acid）0.27g 溶于 5mL 碳酸钠溶液中，用水稀释至 250mL。

五、实验步骤

1. 水样的测定

吸取适量样品于 150mL 烧杯中，按高锰酸钾氧化-二苯碳酰二肼分光光度法中样品的预处理步骤消解后转移至 500mL 锥形瓶中（如果样品清澈、无色，可直接取适量样品于 500mL 锥形瓶中）。用氢氧化铵溶液中和至溶液 pH 为 1~2。加入 20mL 硫酸-磷酸混合液、1~3 滴硝酸银溶液、0.5mL 硫酸锰溶液、25mL 过硫酸铁溶液，摇匀，加入几粒玻璃珠。加热至出现高锰酸盐的紫红色，煮沸 10min。

取下稍冷，加入 5mL 氯化钠溶液，加热微沸 10~15min，除尽氯气。取下迅速冷却，用水洗涤瓶壁并稀释至 220mL 左右。加入 3 滴苯基代邻氨基苯甲酸指示剂，用硫酸亚铁铵溶液滴定至溶液由红色突变为亮绿色即为终点，记下用量 V。

注：① 应注意掌握加热煮沸时间，若加热煮沸时间不够，过量的过硫酸铵和氯气未除尽，会使结果偏高，若煮沸时间太长，溶液体积小，酸度高，可能使六价铬还原为三价铬，使结果偏低。

② 苯基代邻氨基苯甲酸指示剂，在测定样和空白实验时加入量要保持一致。

2. 空白实验

按上述步骤进行空白实验，仅用和样品体积相同的水代替样品。

六、数据处理

总铬含量 c_2（mg/L）按下式计算

$$c_2 = \frac{(V_1 - V_0) T \times 1000}{V}$$

式中　V——滴定样品时，硫酸亚铁铵溶液用量，mL；
　　　V_0——空白实验时，硫酸亚铁铵溶液用量，mL；
　　　T——硫酸亚铁铵溶液对铬的滴定度，mg/mL；
　　　V——样品的体积，mL。

实验十七　挥发酚的测定

Ⅰ 4-氨基安替比林直接分光光度法

一、实验目的

掌握 4-氨基安替比林直接分光光度法测定挥发酚的原理和方法。

二、相关标准和依据

本方法主要依据 HJ 503—2009《水质　挥发酚的测定　4-氨基安替比林分光光度法》。

三、实验原理

用蒸馏法将挥发性酚类化合物蒸馏出，并与干扰物质和固定剂分离。由于酚类化合物的挥发速度随馏出液体积而变化，因此，馏出液体积必须与试样体积相等。被蒸馏出的酚类化合物，于 pH=10.0±0.2 介质中，在铁氰化钾存在下，与 4-氨基安替比林反应生成橙红色的安替比林染料，显色后，在 30min 内，于 510nm 波长测定吸光度。

四、试剂和材料

1. 无酚水

无酚水可按照下面方法进行制备。无酚水应贮于玻璃瓶中，取用时，应避免与橡胶制品（橡皮塞或乳胶管等）接触。

① 于每升水中加入 0.2g 经 200℃ 活化 30min 的活性炭粉末，充分振摇后，放置过夜，用双层中速滤纸过滤。

② 加氢氧化钠使水呈强碱性，并加入高锰酸钾至溶液呈紫红色，移入全玻璃蒸馏器中加热蒸馏，集取馏出液备用。

2. 硫酸亚铁（$FeSO_4 \cdot 7H_2O$）。

3. 碘化钾（KI）。

4. 硫酸铜（$CuSO_4 \cdot 5H_2O$）。

5. 乙醚（$C_4H_{10}O$）。

6. 三氯甲烷（$CHCl_3$）。

7. 精制苯酚：取苯酚（C_6H_5OH）于具有空气冷凝管的蒸馏瓶中，加热蒸馏，收集 182～184℃ 的馏出部分，馏分冷却后应为无色晶体，贮于棕色瓶中，于冷暗处密闭保存。

8. 氨水，$\rho(NH_3 \cdot H_2O)=0.90g/mL$。

9. 盐酸，$\rho(HCl)=1.19g/mL$。

10. 磷酸溶液（1+9）。

11. 硫酸溶液（1+4）。

12. 氢氧化钠溶液，$\rho(NaOH)=100g/L$：称取氢氧化钠 10g 溶于水，稀释至 100mL。

13. 缓冲溶液，pH=10.7：称取 20g 氯化铵（NH_4Cl）溶于 100mL 氨水中，密塞，置冰箱中保存。为避免氨的挥发所引起 pH 值的改变，应注意在低温下保存，且取用后立即加塞盖严，并根据使用情况适量配制。

14. 4-氨基安替比林溶液：称取 2g 4-氨基安替比林溶于水中，溶解后移入 100mL 容量瓶中，用水稀释至标线，提纯，收集滤液后置冰箱中冷藏，可保存 7d。

15. 铁氰化钾溶液，$\rho(K_3[Fe(CN)_6])=80g/L$：称取 8g 铁氰化钾溶于水，溶解后移入 100mL 容量瓶中，用水稀释至标线。置冰箱内冷藏，可保存一周。

16. 溴酸钾-溴化钾溶液，$c(1/6KBrO_3)=0.1mol/L$：称取 2.784g 溴酸钾溶于水，加入 10g 溴化钾，溶解后移入 1000mL 容量瓶中，用水稀释至标线。

17. 硫代硫酸钠溶液，$c(Na_2S_2O_3) \approx 0.0125mol/L$：称取 3.1g 硫代硫酸钠，溶于煮沸放冷的水中，加入 0.2g 碳酸钠，溶解后移入 1000mL 容量瓶中，用水稀释至标线。临用前按照 GB 7489—87 标定。

18. 淀粉溶液，$\rho=0.01g/mL$：称取 1g 可溶性淀粉，用少量水调成糊状，加沸水至 100mL，冷却后，移入试剂瓶中，置冰箱内冷藏保存。

19. 酚标准贮备液，$\rho(C_6H_5OH) \approx 1.00g/L$：称取 1.00g 精制苯酚，溶解于水，移入 1000mL 容量瓶中，用水稀释至标线。标定后置冰箱内冷藏，可稳定保存 1 个月。

20. 酚标准中间液，$\rho(C_6H_5OH)=10.0mg/L$：取适量酚标准贮备液用水稀释至 100mL 容量瓶中，使用时当天配制。

21. 酚标准使用液，$\rho(C_6H_5OH)=1.00mg/L$：量取 10.00mL 酚标准中间液于 100mL 容量瓶中，用水稀释至标线，配制后 2h 内使用。

22. 甲基橙指示液，ρ（甲基橙）＝0.5g/L：称取 0.1g 甲基橙溶于水，溶解后移入 200mL 容量瓶中，用水稀释至标线。

23. 淀粉-碘化钾试纸：称取 1.5g 可溶性淀粉，用少量水搅成糊状，加入 200mL 沸水，混匀，放冷，加 0.5g 碘化钾和 0.5g 碳酸钠，用水稀释至 250mL，将滤纸条浸渍后，取出晾干，盛于棕色瓶中，密塞保存。

24. 乙酸铅试纸：称取乙酸铅 5g，溶于水中，并稀释至 100mL。将滤纸条浸入上述溶液中，1h 后取出晾干，盛于广口瓶中，密塞保存。

25. pH 试纸：1～14。

五、实验仪器

1. 分光光度计：具 510nm 波长，并配有光程为 20mm 的比色皿。
2. 蒸馏装置见图 3-6。

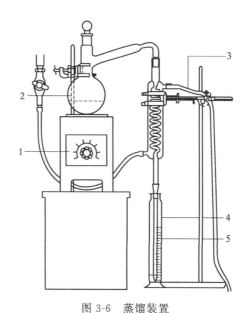

图 3-6　蒸馏装置

1—电炉；2—500mL 全玻璃蒸馏器；3—冷凝水；4—接收瓶；5—冷凝管

六、实验步骤

1. 样品的采集

在样品采集现场，用淀粉-碘化钾试纸检测样品中有无游离氯等氧化剂的存在。若试纸变蓝，应及时加入过量硫酸亚铁去除。

样品采集量应大于 500mL，贮于硬质玻璃瓶中。采集后的样品应及时加磷酸酸化至 pH 约 4.0，并加适量硫酸铜，使样品中硫酸铜质量浓度约为 1g/L，以抑制微生物对酚类的生物氧化作用。采集后的样品应在 4℃下冷藏，24h 内进行测定。

2. 样品的预处理

氧化剂、油类、硫化物、有机或无机还原性物质和苯胺类干扰酚的测定。

（1）氧化剂（如游离氯）的消除

样品滴于淀粉-碘化钾试纸上出现蓝色，说明存在氧化剂，可加入过量的硫酸亚铁去除。

（2）硫化物的消除

当样品中有黑色沉淀时，可取一滴样品放在乙酸铅试纸上，若试纸变黑色，说明有硫化物存在。此时样品继续加磷酸酸化，置通风橱内进行搅拌曝气，直至生成的硫化氢完全逸出。

（3）甲醛、亚硫酸盐等有机或无机还原性物质的消除

可分取适量样品于分液漏斗中，加硫酸溶液使呈酸性，分次加入 50、30、30mL 乙醚以萃取酚，合并乙醚层于另一分液漏斗，分次加入 4、3、3mL 氢氧化钠溶液进行反萃取，使酚类转入氢氧化钠溶液中。合并碱萃取液，移入烧杯中，置水浴上加温，以除去残余乙醚，然后用水将碱萃取液稀释到原分取样品的体积。同时应以水做空白实验。

（4）油类的消除

样品静置分离出浮油后，按照上述操作步骤进行。

（5）苯胺类的消除

苯胺类可与 4-氨基安替比林发生显色反应而干扰酚的测定，一般在酸性（pH＜0.5）条件下，可以通过预蒸馏分离。

3. 预蒸馏

取 250mL 样品移入 500mL 全玻璃蒸馏器中，加 25mL 水，加数粒玻璃珠以防暴沸，再加数滴甲基橙指示液，若试样未显橙红色，则需继续补加磷酸溶液。

连接冷凝器，加热蒸馏，收集馏出液 250mL 至容量瓶中。

蒸馏过程中，若发现甲基橙红色褪去，应在蒸馏结束后，放冷，再加 1 滴甲基橙指示液。若发现蒸馏后残液不呈酸性，则应重新取样，增加磷酸溶液加入量，进行蒸馏。

注：① 使用的蒸馏设备不宜与测定工业废水或生活污水的蒸馏设备混用。每次实验前后，应清洗整个蒸馏设备。

② 不得用橡胶塞、橡胶管连接蒸馏瓶和冷凝器，以防止对测定产生干扰。

4. 显色

分取馏出液 50mL 加入 50mL 比色管中，加 0.5mL 缓冲溶液，混匀，此时 pH 值为 10.0 ± 0.2，加 1.0mL 4-氨基安替比林溶液，混匀，再加 1.0mL 铁氰化钾溶液，充分混匀后，密塞，放置 10min。

5. 吸光度测定

于 510nm 波长，用光程为 20mm 的比色皿，以水为参比，于 30min 内测定溶液的吸

光度值。

6. 空白实验

用水代替试样,按照步骤3~5测定其吸光度值。空白应与试样同时测定。

7. 校准曲线的绘制

于一组8支50mL比色管中,分别加入0.00、0.50、1.00、3.00、5.00、7.00、10.00、12.50mL酚标准中间液,加水至标线。按照上述步骤进行测定。由校准系列测得的吸光度值减去零浓度管的吸光度值,绘制吸光度值对酚含量(mg)的曲线,校准曲线回归方程相关系数应达到0.999以上。

七、数据处理

试样中挥发酚的质量浓度(以苯酚计),按下式计算

$$\rho = \frac{A_s - A_b - a}{bV} \times 1000$$

式中 ρ ——试样中挥发酚的质量浓度,mg/L;

A_s——试样的吸光度值;

A_b——空白实验的吸光度值;

a——校准曲线的截距值;

b——校准曲线的斜率;

V——试样的体积,mL。

当计算结果小于1mg/L时,保留到小数点后3位;大于等于1mg/L时,保留三位有效数字。

Ⅱ 4-氨基安替比林萃取分光光度法

一、实验目的

掌握4-氨基安替比林萃取分光光度法测定挥发酚的原理和方法。

二、相关标准和依据

本方法主要依据HJ 503—2009《水质 挥发酚的测定 4-氨基安替比林分光光度法》。

三、实验原理

用蒸馏法将挥发性酚类化合物蒸馏出,并与干扰物质和固定剂分离。由于酚类化合物的挥发速度随馏出液体积而变化,因此,馏出液体积必须与试样体积相等。被蒸馏

出的酚类化合物，于 pH＝10.0±0.2 介质中，在铁氰化钾存在下，与 4-氨基安替比林反应生成橙红色的安替比林染料，用三氯甲烷萃取后，在 460nm 波长下测定吸光度。

四、试剂和材料

本实验中所用试剂和材料均与 4-氨基安替比林直接分光光度法测定挥发酚相同。

五、实验仪器

1. 分光光度计：具 460nm 波长，并配有光程为 30mm 的比色皿。
2. 一般实验室常用仪器和设备。

六、实验步骤

样品的采集和保存、预处理以及预蒸馏实验步骤均与 4-氨基安替比林直接分光光度法测定挥发酚相同。

1. 显色

将馏出液 250mL 移入分液漏斗中，加 2.0mL 缓冲溶液，混匀，pH 值为 10.0±0.2，加 1.5mL 4-氨基安替比林溶液，混匀，再加 1.5mL 铁氰化钾溶液，充分混匀后，密塞，放置 10min。

2. 萃取

在上述显色分液漏斗中准确加入 10.0mL 三氯甲烷，密塞，剧烈振摇 2min，倒置放气，静置分层。用干脱脂棉或滤纸拭干分液漏斗颈管内壁，于颈管内塞一小团干脱脂棉或滤纸，使三氯甲烷层通过干脱脂棉团或滤纸，弃去最初滤出的数滴萃取液后，将余下三氯甲烷直接放入光程为 30mm 的比色皿中。

3. 吸光度测定

于 460nm 波长，以三氯甲烷为参比，测定三氯甲烷层的吸光度值。

4. 空白实验

用水代替试样，按照预蒸馏和步骤 1～3 测定其吸光度值。空白应与试样同时测定。

5. 校准曲线的绘制

于一组 8 个分液漏斗中，分别加入 100mL 水，依次加入 0.00、0.25、0.50、1.00、3.00、5.00、7.00、10.00mL 酚标准使用液，再分别加水至 250mL。按照上述步骤进行测定。由校准系列测得的吸光度值减去零浓度管的吸光度值，绘制吸光度值对酚含量（μg）的曲线，校准曲线回归方程相关系数应达到 0.999 以上。

七、数据处理

试样中挥发酚的质量浓度（以苯酚计），按下式计算

$$\rho = \frac{A_s - A_b - a}{bV}$$

式中 ρ——试样中挥发酚的质量浓度，mg/L；

A_s——试样的吸光度值；

A_b——空白实验的吸光度值；

a——校准曲线的截距值；

b——校准曲线的斜率；

V——试样的体积，mL。

当计算结果小于 0.1mg/L 时，保留到小数点后四位；大于等于 0.1mg/L 时，保留三位有效数字。

八、思考题

根据实验情况，分析影响测定结果准确度的因素。

实验十八　总大肠菌群的测定

一、实验目的

1. 了解总大肠菌群的数量指标在环境领域的重要性，学会总大肠菌群的检验方法。
2. 通过检验过程，了解大肠菌群的生化特性。

二、相关标准和依据

本方法主要依据 GB/T 5750.12—2006《生活饮用水标准检验方法　微生物指标》。

三、实验原理

人的肠道中主要存在 3 大类细菌：①大肠菌群（G^-菌）；②肠球菌（G^+菌）；③产气荚膜杆菌（G^+菌）。由于大肠菌群的数量大，在体外存活时间与肠道致病菌相近，且检验方法比较简便，故被定为检验肠道致病菌的指示菌。

总大肠菌群包括肠杆菌科中的埃希氏菌属（escherichia，模式种：大肠埃希氏菌）、柠檬酸细菌属（citrobacter）、克雷伯氏菌属（klebsiella）和肠杆菌属（enterobacter）。这4属菌都是兼性厌氧、无芽孢的革兰氏阴性杆菌（G^-菌）。

我国《生活饮用水卫生标准》（GB 5749—2006）中微生物指标由 2 项增至 6 项，增加了大肠埃希氏菌和耐热大肠菌群等指标，修订了总大肠菌群的指标：饮用水中总大肠菌群[MPN/(100mL) 或 CFU]不得检出；大肠埃希氏菌[MPN/(100mL) 或 CFU]不得检出；耐热大肠菌群[MPN/(100mL) 或 CFU]不得检出。当水样检出总大肠菌群时，应进一步检验大肠埃希氏菌或耐热大肠菌群；水样未检出总大肠菌群时，不必检验大肠埃希氏菌或耐热大肠菌群。

再生水回用于景观水体的水质指标规定：人体非直接接触的再生水总大肠菌群 1000 个/L；人体非全身性接触的再生水总大肠菌群 500 个/L。城市杂用水水质标准：用于冲厕、道路清扫、消防、城市绿化、车辆冲洗、建筑施工，总大肠菌群≤3 个/L。对于那些只经过加氯消毒、即供作生活饮用水的水源水，其总大肠菌群平均每升不得超过 1000 个；经过净化处理及加氯消毒后供作生活饮用水的水源水的总大肠菌群平均每升不得超过 10000 个。

大肠菌群的检测方法主要有多管发酵法和滤膜法。前者被称为水的标准分析法，即将一定量的样品接种到乳糖发酵管，根据发酵反应的结果，确证大肠菌群的阳性管数后在检索表中查出大肠菌群的近似值。后者是一种快速的替代方法，能测定大体积的水样，但只局限于饮用水或较洁净的水，目前在一些大城市的水厂常采用此法。

四、试剂和材料

1. 革兰氏染色液一套：草酸铵结晶紫、革兰氏碘液、体积分数为 95% 的乙醇、番红染液。

2. 自来水（或受粪便污染的河、湖水）400mL。

3. 化学药品：蛋白胨、乳糖、磷酸氢二钾、琼脂、无水亚硫酸钠、牛肉膏、氯化钠、质量浓度 16g/L 的溴甲酚紫乙醇溶液、质量浓度 50g/L 的碱性品红乙醇溶液、质量浓度 20g/L 伊红水溶液、质量浓度 5g/L 亚甲蓝水溶液。

4. 其他：质量浓度 100g/L NaOH、体积分数 10% HCl（原液为 36%）、精密 pH 试纸（6.4～8.4）等。

五、实验仪器

1. 显微镜。

2. 锥形瓶：500mL，1 个。

3. 试管：18mm×180mm，6 或 7 支。

4. 大试管：150mL，2 支。

5. 移液管：1mL，2 支，10mL，1 支。

6. 培养皿：ϕ90mm，10 套。

7. 接种杯：1 个。

8. 试管架，1 个。

六、实验步骤

(一) 实验前准备工作

1. 配培养基

(1) 乳糖蛋白胨培养基（供多管发酵法的复发酵用）

① 配方：蛋白胨 10g、胆盐 3g、乳糖 5g、氯化钠 5g、质量浓度 16g/L 溴甲酚紫乙醇溶液 1mL、蒸馏水 1000mL、pH 为 7.2～7.4。

② 制备：按配方分别称取蛋白胨、胆盐、乳糖和氯化钠加热溶解于 1000mL 蒸馏水中，调整 pH 为 7.2～7.4，加入质量浓度为 16g/L 的溴甲酚紫乙醇溶液 1mL，充分混匀后分装于试管内，每管 10mL，另取一小倒管装满培养基倒放入试管内。塞好棉塞、包装后灭菌，115℃（相对蒸汽压力 0.072MPa）灭菌 20min，取出后置于阴冷处备用。

(2) 三倍浓缩乳糖蛋白胨培养基（供多管发酵法的初发酵用）

按上述乳糖蛋白胨培养液浓缩三倍配制，分装于试管中，每管 5mL；分装于大试管中，每管 50mL，然后在每管内倒放装满培养基的小倒管。塞好棉塞、包装后灭菌，灭菌条件同上。

现市场上有售配制好的乳糖发酵培养基（脱水培养基），使用非常方便。

(3) 品红亚硫酸钠培养基（即远藤氏培养基）

该培养基供多管发酵法的平板划线用。

① 配方：蛋白胨 10g、乳糖 10g、磷酸氢二钾 3.5g、琼脂 20g、蒸馏水 1000mL、无水亚硫酸钠 5g 左右、质量浓度 50g/L 的碱性品红乙醇溶液 20mL。

② 制备：先将琼脂加入 900mL 蒸馏水中加热溶解，然后加入磷酸氢二钾和蛋白胨，混匀使之溶解，加蒸馏水补足至 1000mL，调整 pH 为 7.2～7.4，趁热用脱脂棉或绒布过滤，再加入乳糖，混匀后定量分装于锥形瓶内，包装后灭菌，灭菌条件同上。

(4) 伊红-亚甲蓝培养基

① 配方：蛋白胨 10g、乳糖 10g、磷酸氢二钾 2g、琼脂 20～30g、蒸馏水 1000mL、质量浓度 20g/L 的伊红水溶液 20mL、质量浓度 5g/L 亚甲蓝水溶液 13mL。

② 制备：按品红亚硫酸钠的制备过程制备。

灭菌条件：0.072MPa（115℃，15～20min）。

与乳糖蛋白胨培养基一样，市场上也有售配制好的伊红-亚甲蓝培养基（脱水培养基），使用十分方便。

2. 水样的采集和保存

（1）自来水水样的采集

① 取样：先将水龙头用火焰灼烧 3min 灭菌，然后再放水，5～10min 后用无菌瓶取样，在酒精灯旁打开水样瓶盖（或棉花塞），取所需的水量后盖上瓶盖（或棉塞），速送实验室检测。

② 余氯的处理：若经氯处理的水中含余氯，会减少水中细菌的数目，采样瓶在灭菌前须加入硫代硫酸钠，以便取样时消除氯的作用。硫代硫酸钠的用量视采样瓶的大小而定。若是 500mL 的采样瓶，加入质量浓度 15g/L 的硫代硫酸钠溶液 1.5mL（可消除余氯质量浓度为 2mg/L 的 450mL 水样中的全部氯量）。

（2）河、湖、井水、海水的采集

河、湖、井水、海水的采集要用特制的采样器，水样采集后，将水样瓶取出，若是测定好氧微生物，应立即改换无菌棉花塞。

3. 水样的处置

水样采集后，迅速送回实验室立即检验，若来不及检验放在 4℃冰箱内保存。若缺乏低温保存条件，应在报告中注明水样采集与检验相隔的时间，若较清洁的水可在 12h 内检验，污水要在 6h 内结束检验。

（二）测定

1. 多管发酵法

多管发酵法（MPN 法）适用于饮用水、水源水，特别是浑浊度高的水中大肠菌群的测定。

（1）生活饮用水的测定步骤

1）初发酵实验

在 2 支各装有 50mL 三倍浓缩乳糖蛋白胨培养液的大发酵管中，以无菌操作各加入水样 100mL。在 10 支各装有 5mL 三倍浓缩乳糖蛋白胨培养液的发酵管中，以无菌操作各加入 10mL 水样，混匀后置于 37℃恒温箱中培养 24h，观察其产酸产气的情况。

情况分析：

① 若培养基红色没变为黄色，即不产酸；小倒管没有气体，即不产气，为阴性反应，表明无大肠菌群存在。

② 若培养基由红色变为黄色，小倒管有气体产生，即产酸又产气，为阳性反应，说明有大肠菌群存在。

③ 培养基由红色变为黄色说明产酸，但不产气，仍为阳性反应，表明有大肠菌群存在。

④ 若小倒管有气体，培养基红色不变，也不浑浊，是操作技术上有问题，应重做实验。以上结果为阳性者，说明可能被粪便污染，需进一步检验。

2）确定性实验

用平板划线分离，将培养 24h 后产酸（培养基呈黄色）、产气或产酸不产气的发酵管取出，无菌操作，用接种环挑取一环发酵液于品红亚硫酸钠培养基（或伊红-亚甲蓝培养基）平板上划线分离，共3个平板。置于37℃恒温箱内培养18～24h，观察菌落特征。如果平板上长有如下特征的菌落，并经涂片和进行革兰氏染色，结果为革兰氏阴性的无芽孢杆菌，则表明有大肠菌群存在。

① 品红亚硫酸钠培养基平板上的菌落特征：a. 紫红色，具有金属光泽的菌落；b. 深红色，不带或略带金属光泽的菌落；c. 淡红色，中心色较深的菌落。

② 在伊红-亚甲蓝培养基平板上的菌落特征：a. 深紫黑色，具有金属光泽的菌落；b. 紫黑色，不带或略带金属光泽的菌落；c. 淡紫红色，中心色较深的菌落。

3）复发酵实验

无菌操作，用接种环挑取具有上述菌落特征、革兰氏染色阴性的菌落于装有10mL普通浓度的发酵培养基内，每管可接种同一平板上（即同一初发酵管）的1～3个典型菌落的细菌。于37℃恒温箱内培养24h，有产酸、产气者证实有大肠菌群存在，该发酵管被判为阳性管。根据阳性管数及实验所用的水样量，即可运用数理统计原理计算出每升（或每100mL）水样中总大肠菌群的最大可能数目（most probable number，MPN），可用下式计算

$$MPN = \frac{1000 \times 阳性管数}{阴性管数水样体积(mL) \times 全部水样体积(mL)}$$

MPN的数据并非水中实际大肠菌群的绝对浓度，而是浓度的统计值。为了使用方便，现制成检索表。所以根据证实有大肠菌群存在的阳性管（瓶）数可直接查检索表，即得结果。

(2) 水源水中总大肠菌群的测定步骤（一）

1）稀释水样

根据水源水的清洁程度确定水样的稀释倍数，除严重污染外，一般稀释度可定为10^{-1}和10^{-2}。

2）初发酵实验

无菌操作，用无菌移液管吸取1mL 10^{-2}、10^{-1}的稀释水样及1mL原水样，分别注入装有10mL普通浓度乳糖蛋白胨培养基的发酵管中，另取10mL原水样注入装有5mL三倍浓缩乳糖蛋白胨培养基的发酵管中（注：如果为较为清洁的水样，可再取100mL水样注入装有50mL三倍浓缩的乳糖蛋白胨培养基发酵瓶中）。置于37℃恒温箱中培养24h后观察结果。以后的测定步骤与生活饮用水的测定方法相同。根据证实有大肠菌群存在的阳性管数或瓶数报告每升水样中的总大肠菌群数。

(3) 水源水中总大肠菌群的测定步骤（二）

1）稀释水样

将水样作10倍稀释。

2）初发酵实验

于各装有5mL三倍浓缩乳糖蛋白胨培养液的5个试管中，各加10mL水样；装有10mL乳糖蛋白胨培养液的5个试管中，各加入1mL水样；另外装有10mL乳糖蛋白胨

培养液的 5 个试管中，各加入 1mL 10^{-1} 浓度的水样。3 个梯度，共计 15 管。将各管充分混匀，置于 37℃恒温培养箱中培养 24h。

接下去的平板分离和复发酵实验的检验步骤与生活饮用水的测定方法相同。根据证实有大肠菌群存在的阳性管数查检索表，即可求得每 100mL 水样中存在的总大肠菌群数，乘以 10 即为 1L 水中的总大肠菌群数。

2．滤膜法

滤膜法适用于测定饮用水和低浊度的水源水，此结果是从所用的滤膜培养基上直接数出的菌落数。

(1) 实验原理

滤膜是一种微孔薄膜，直径一般为 35mm，厚度 0.1mm。孔径 0.45～0.65μm，能滤过大量水样并将水中含有的细菌截留在滤膜上，然后将滤膜贴在选择性培养基上，经培养后，直接计数滤膜上生长的典型大肠菌群菌落，算出每升水样中含有的总大肠菌群数。

(2) 仪器与材料

除了需要多管发酵法的仪器和材料以外，还需要：过滤器、抽滤设备、无菌镊子、滤膜（直径 3.5cm 或 4.7cm）等。

(3) 培养基

① 品红亚硫酸钠培养基（乙）：蛋白胨 10g，酵母浸膏 5g，牛肉膏 5g，乳糖 10g，磷酸氢二钾 3.5g，琼脂 20g，无水亚硫酸钠 5g 左右，质量浓度 50g/L 碱性品红乙醇溶液 20mL，蒸馏水 1000mL，pH 为 7.2～7.4。

灭菌条件：0.072MPa（115℃，15～20min）。

② 乳糖蛋白胨培养液（与多管发酵法相同）。

③ 乳糖蛋白胨半固体培养基：蛋白胨 10g，牛肉膏 5g，酵母浸膏 5g，乳糖 10g，琼脂 5g，蒸馏水 1000mL，pH 为 7.2～7.4。

灭菌条件：0.072MPa（115℃，15～20min）。

(4) 操作步骤

首先做好准备工作，而后才是过滤水样。准备工作主要是滤膜和滤器的灭菌。滤膜灭菌时，将滤膜放入烧杯中，加入蒸馏水，置于沸水浴中煮沸灭菌（间歇灭菌）3 次，每次 15min，前两次煮沸后需更换蒸馏水洗涤 2～3 次，以除去残留溶剂。

滤器灭菌使用高压灭菌锅 121℃灭菌，相对蒸汽压力为 0.105MPa，灭菌 20min。

过滤水样时，用无菌镊子夹住滤膜边缘部分，将粗糙面向上，贴在滤器上，稳妥地固定好滤器，将 333mL 水样（如果水样中含菌量多，可减少过滤水样量）注入滤器中，加盖，打开滤器阀门，在-500Pa 压力下抽滤。水样滤毕，再抽气 5s，关上滤器阀门，取下滤器，用镊子夹住滤膜边缘移放在品红亚硫酸钠培养基平板上，滤膜截留细菌面向上，滤膜应与培养基完全贴紧，两者间不得留有气泡，然后将平板倒置，放入 37℃恒温培养箱内培养 22～24h 后观察结果。挑取具有大肠菌群菌落特征的菌落（菌落特征见上述多管发酵法）进行涂片、革兰氏染色、镜检。

将具有大肠菌群菌落特征、革兰氏染色阴性、无芽孢杆菌接种到乳糖蛋白胨培养基或乳糖蛋白胨半固体培养基。经 37℃ 培养，前者于 24h 产酸产气者；或后者经 6～8h 培养后产气者，则判定为大肠菌群。根据滤膜上生长的大肠菌群菌落数和过滤的水样体积，即可计算出每升水样中的大肠菌群数，如过滤的水样体积为 333mL，即将平板上长出的大肠菌群菌落总数乘以 3，得出实验结果。

对于不同来源和不同水质特征的水样，采用滤膜法测定总大肠菌群应考虑过滤不同体积的水样，以便得到较好的实验数据。

七、思考题

1. 测定水中总大肠菌群数有什么实际意义？为什么选用大肠菌群作为水的卫生指标？

2. 如果自行改变测试条件，进行水中总大肠菌群数的测定，该测试结果能作为正式报告采用吗？为什么？

实验十九　粪大肠菌群的测定

一、实验目的

在测定总大肠菌群的基础上，学会粪大肠菌群的测定方法。

二、相关标准和依据

本方法主要依据 GB/T 5750.12—2006《生活饮用水标准检验方法　微生物指标》。

三、实验原理

粪大肠菌在 44.5℃ 培养 24h，仍能生长并发酵乳糖产酸产气，是一类粪源性大肠菌群，也称为耐热性大肠菌群，包括埃希氏菌属和克雷伯氏菌属。实验中通过提高培养温度的方法，造成不利于来自自然环境的大肠菌群生长的条件，从而使培养出来的菌主要为来自粪便的大肠埃希氏菌（包括克雷伯氏菌属）。

四、实验步骤

测定粪大肠菌的方法与总大肠菌群的方法大致相同，也分多管发酵法和滤膜法两种，区别仅在于培养温度的不同。粪大肠菌的检测多在总大肠菌群的检测基础上进行。

1. 多管发酵法

(1) 器材和培养基

1) 器材

所用的器材除包括测定总大肠菌群所用的仪器设备外，还要精确的恒温培养箱，能确保温度维持在 (44.5 ± 0.2)℃。

2) 培养基

① 乳糖蛋白胨培养液：制法和成分与总大肠菌群多管发酵法相同。

② EC 培养液：蛋白胨 20.0g，乳糖 5.0g，三号胆盐 1.5g，K_2HPO_4 4.0g，KH_2PO_4 1.5g，NaCl 5.0g，蒸馏水 1000mL，灭菌后 pH 为 6.9。分装于有小倒管的试管中，包装后灭菌，115℃（相对蒸汽压力 0.072MPa）灭菌 20min，取出后置于阴冷处备用。

(2) 方法与步骤

① 根据水样污染程度，确定稀释度。

② 按总大肠菌群多管发酵法接种水样。

③ 培养：在 37℃培养 (24 ± 2)h，用接种环从产酸、产气或只产酸的发酵管中取一环分别接种于 EC 培养液中，置于 (44.5 ± 0.2)℃温度下培养（如水浴培养，水面应超过试管内液面）。

④ 结果观察：若产酸产气或产酸不产气，均表示有粪大肠菌群存在，即为阳性。按总大肠菌群多管发酵法结果计算方法，换算成每升的粪大肠菌群数。

2. 滤膜法

检测粪大肠菌群的滤膜法有多种，其水样过滤等步骤与总大肠菌群滤膜法相同，仅是培养基、培养时间和培养温度有所不同。此处介绍两种培养温度的 M-TEC 法。其特异性和准确性均较佳。

(1) 器材与培养基

① 器材：所用的器材与测定总大肠菌群所用的仪器设备相同。

② 培养基（M-TEC 培养基）：蛋白胨 5.0g，酵母浸膏 3.0g，乳糖 10.0g，K_2HPO_4 3.3g，KH_2PO_4 1.0g，NaCl 7.5g，十二烷基硫酸钠 0.2g，脱氧胆酸钠 0.1g，质量浓度 16g/L 溴甲酚紫 80mL，溴酚红 80mL，琼脂 15g，蒸馏水 1000mL，pH 为 7.3。包装后灭菌，115℃（相对蒸汽压力 0.072MPa）灭菌 20min，取出后置于阴冷处备用。

(2) 方法与步骤

滤膜过滤一定体积的水量后，平置于平板的表面，滤膜截留细菌面向上。先在 37℃ 预培养 2h，再移至 (44.5 ± 0.2)℃下培养 23～24h，粪大肠菌群菌落呈黄色。必要时将可疑菌落接种于乳糖蛋白胨培养液中培养，观察是否产气，计算出 1L 水样中存在的粪大肠菌群数。

五、数据处理

按实验结果查检索表，得出粪大肠菌群数，以每毫升的个数计。

六、思考题

1. 粪大肠菌群数和总大肠菌群数的测定有何异同？
2. 为什么说（44.5±0.2）℃温度下培养出来的粪大肠菌群更能代表水质受粪便污染的情况？

实验二十　细菌菌落总数的测定

一、实验目的

1. 学会细菌菌落总数的测定。
2. 了解水质与细菌菌落数之间的相关性。

二、相关标准和依据

本方法主要依据 GB/T 5750.12—2006《生活饮用水标准检验方法　微生物指标》。

三、实验原理

细菌种类很多，有各自的生理特性，必须用适合它们生长的培养基才能将它们培养出来。然而，在实际工作中不易做到，所以通常用一种适合大多数细菌生长的培养基培养腐生性细菌，以它的菌落总数表明有机物污染程度。水中细菌菌落总数与水体受有机污染的程度呈正相关，因此细菌菌落总数常作为评价水体污染程度的一个重要指标。细菌菌落总数越大，说明水体被污染得越严重。

四、试剂和材料

1. 革兰氏染色液一套：草酸铵结晶紫、革兰氏碘液、体积分数为 95% 的乙醇、番红染液。
2. 自来水（或受粪便污染的河、湖水）400mL。
3. 化学药品：蛋白胨、乳糖、磷酸氢二钾、琼脂、无水亚硫酸钠、牛肉膏、氯化钠、质量浓度 16g/L 的溴甲酚紫乙醇溶液、质量浓度 50g/L 的碱性品红乙醇溶液、质量浓度 20g/L 伊红水溶液、质量浓度 5g/L 亚甲蓝水溶液。
4. 其他：质量浓度为 100g/L NaOH、体积分数为 10% HCl（原液为 36%）、精密

pH 试纸（6.4～8.4）等。

五、实验仪器

1. 高压蒸汽灭菌锅。
2. 干热灭菌箱。
3. 培养箱：控温（36±1）℃。
4. 显微镜或菌落计数器。
5. 其他玻璃器皿：锥形瓶、试管、大试管、移液管、培养皿、接种杯等。

六、实验步骤

1. 生活饮用水

以无菌操作方法，用无菌移液管吸取 1mL 充分混匀的水样注入无菌培养皿中，注入约 10mL 已融化并冷却至 50℃ 左右的营养琼脂培养基，平放于桌上迅速旋摇培养皿，使水样与培养基充分混匀，冷凝后成平板。每个水样做 3 个平板。另取一个无菌培养皿倒入培养基作空白对照。将以上所有平板倒置于 37℃ 恒温培养箱内培养 24h，计菌落数。算出 3 个平板上长的菌落总数的平均值，即为 1mL 水样中的细菌菌落总数。

2. 水源水

（1）稀释水样

在无菌操作条件下，吸取 1mL 充分混匀的水样，注入盛有 9mL 灭菌生理盐水的试管中，混匀成 1:10 稀释液。

吸取 1:10 稀释液 1mL 注入盛有 9mL 灭菌生理盐水的试管中，混匀成 1:100 稀释液，按同法依次稀释成 1:1000、1:10000 稀释液备用。如此递增稀释一次，必须更换一支 1mL 灭菌吸管。以 10 倍稀释法稀释水样，视水体污染程度确定稀释倍数。

（2）取水样至培养皿

用无菌移液管吸取 3 个适宜浓度的稀释液 1mL（或 0.5mL）加入无菌培养皿内，再倒培养基，冷凝后倒置于 37℃ 恒温培养箱中培养。

（3）计菌落数

将培养 24h 的平板取出计菌落数。取在平板上有 30～300 个菌落的稀释倍数计数。

七、菌落计数及报告方法

进行平板菌落计数时，可用肉眼观察，也可用放大镜和菌落计数器计数。记下同一浓度的 3 个平板（或 2 个）的菌落总数，计算平均值，再乘以稀释倍数即为 1mL 水样中的细菌菌落总数。

1. 平板菌落数的选择

计数时应选取菌落数在 30~300/皿之间的稀释倍数进行计数；若其中一个平板上有较大片状菌落生长时，则不宜采用，而应以无片状菌落生长的平板作为该稀释度的平均菌落数；若片状菌落约为平板的一半，而另一半平板上菌落分布很均匀，则可按半个平板上的菌落计数，然后乘以 2 作为整个平板的菌落数。

2. 稀释度的选择

① 实验中，当只有一个稀释度的平均菌落数符合此范围（30~300/皿）时，则以该平均菌落数乘以稀释倍数报告（表 3-8 例次 1）。

表 3-8　稀释度选择及菌落总数报告方式

例次	不同稀释度的平均菌落数			两个稀释度菌落数之比	菌落总数 CFU/mL	报告方式 CFU/mL
	10^{-1}	10^{-2}	10^{-3}			
1	1365	164	20	—	16400	16000 或 1.6×10^4
2	2760	295	46	1.6	37750	38000 或 3.8×10^4
3	2890	271	60	2.2	27100	27000 或 2.7×10^4
4	无法计数	4650	513	—	51300	510000 或 5.1×10^5
5	27	11	5	—	270	270 或 2.7×10^2
6	无法计数	305	12	—	30500	31000 或 3.1×10^4

② 当有两个稀释度的平均菌落数均在 30~300 之间时，则应视两者菌落数之比来决定，若比值小于 2，应报告两者的平均数；若大于 2 则报告其中较小的菌落数（表 3-8 例次 2 及例次 3）。

③ 当所有稀释度的平均菌落数均大于 300 时，则应按稀释度最高的平均菌落数乘以稀释倍数报告（表 3-8 例次 4）。

④ 当所有稀释度的平均菌落数均小于 30 时，则应按稀释度最低的平均菌落数乘以稀释倍数报告（表 3-8 例次 5）。

⑤ 当所有稀释度的平均菌落数均不在 30~300 之间时，则以最接近 300 或 30 的平均菌落数乘以稀释倍数报告（表 3-8 例次 6）。

3. 菌落数的报告

菌落数在 100 以内时按实有数据报告，大于 100 时，采用两位有效数字，在两位有效数字后面的位数，以四舍五入方法计算。为了缩短数字后面的零的个数，可用 10 的指数来表示（表 3-8 报告方式栏）。在报告菌落数为"无法计数"时，应注明水样的稀释倍数。

八、思考题

1. 测定水中细菌菌落总数有什么实际意义？
2. 根据我国饮用水水质标准，讨论检验结果。

实验二十一 苯系物的测定

一、实验目的

掌握气相色谱法测定苯系物的原理和方法。

二、相关标准和依据

本方法主要依据 GB 11890—89《水质 苯系物的测定 气相色谱法》。

三、试剂和材料

1. 载气和辅助气体

① 载气：氮气，纯度 99.9%，通过一个装有 5A 分子筛、活性炭、硅胶的净化管净化。

② 燃气：氢气，与氮气的净化方法相同。

③ 助燃气：空气，与氮气的净化方法相同。

2. 配制标准样品和试样预处理时使用的试剂和材料

① 苯系物：苯、甲苯、乙苯、对二甲苯、间二甲苯、邻二甲苯、异丙苯、苯乙烯均采用色谱纯标准试剂。

② 无水硫酸钠（Na_2SO_4）：分析纯。

③ 氯化钠（NaCl）：分析纯。

④ 氮气：用活性炭加以净化的普氮（99.9%）。

⑤ 蒸馏水。

⑥ 二硫化碳（CS_2）：分析纯。在色谱上不应有苯系物各组分检出。如若检出应做提纯处理。

⑦ 苯系物贮备溶液：各取 10.0μL 苯、甲苯、乙苯、对二甲苯、间二甲苯、邻二甲苯、异丙苯、苯乙烯色谱纯标准试剂，分别配成 1000mL 的水溶液作为贮备液。可在冰箱中保存一周。

⑧ 气相色谱用标准工作溶液：根据检测器的灵敏度及线性要求，取适量苯系物贮备溶液，用蒸馏水配制几种浓度的苯系物混合标准溶液。

3. 制备色谱柱时使用的试剂和材料

① 色谱柱和填充物：见下面"色谱柱"中有关内容。

② 涂渍固定液所用溶剂：苯、丙酮。

四、实验仪器

1. 仪器的型号：带氢焰离子化检测器的气相色谱仪。
2. 进样器：5mL 医用全玻璃注射器，10μL 微量注射器。
3. 记录器：与仪器相匹配的记录仪。
4. 色谱柱

(1) 色谱柱类型：填充柱。

(2) 色谱柱数量：1 支。

(3) 色谱柱的特性：材料是不锈钢或硬质玻璃管，长度 3m，内径 4mm。

(4) 填充物

1) 载体：101 白色担体，粒度 60～80 目。

2) 固定液

① 名称及其化学性质：有机皂土（bentone），最高使用温度 100℃；邻苯二甲酸二壬酯（DNP），最高使用温度 150℃。

② 液相载荷量：有机皂土为 3%；DNP 为 2.5%。

③ 涂渍固定液的方法：静态法。根据担体的质量称取一定量的有机皂土，溶解在苯中，待完全溶解后倒入担体，使担体全部浸没在溶液中，轻轻摇动容器，让溶剂慢慢均匀挥发，将溶剂全部挥发后即涂渍完毕。DNP 用丙酮溶解后，涂渍步骤同有机皂土。

(5) 色谱柱的填充方法

不锈钢管柱的一端用玻璃棉和铜网塞住，接真空泵（泵前装有干燥塔），柱的另一端通过软管接漏斗，将固定相慢慢通过漏斗装入色谱柱内。在装填固定相的同时开动真空泵抽气。固定相在色谱柱内应均匀紧密填充。先将 3% 有机皂土/101 按总质量的 35% 装入色谱柱，然后将 2.5%DNP/101 按总质量的 65% 装入柱内，装填完毕后用玻璃棉和铜网塞住色谱柱的另一端。

(6) 色谱柱的老化

将装好的色谱柱 DNP 一端接在进样口上，另一端不要连接检测器，用较低的载气流速通入氮气，慢慢地（在 1h 内）将柱箱温度提高至 90℃，在此温度老化 8h，在老化过程中注入较浓的混合标准溶液。

(7) 柱效能和分离度

在给定的条件下，色谱柱总的分离度大于 0.7。

5. 检测器：氢焰离子化检测器，检测器极化电压+250V，使用单焰工作。
6. 试样预处理时使用的仪器

① 超级恒温水浴。

② 康氏电动振荡机，振荡次数不小于 200 次。需在振荡机上自配水槽一个（有进、

出水口,并有100mL注射器固定夹)。

③ 100mL医用全玻璃注射器。

④ 封堵100mL注射器用胶帽若干。

五、实验步骤

1. 水样的采集和保存

用玻璃瓶采集样品,样品应充满瓶子,并加盖瓶塞。采集水样后应尽快分析。如不能及时分析,可在4℃冰箱中保存,不得多于14d。

2. 水样的预处理

(1) 液上气相色谱法的预处理方法

称取20.0g氯化钠,放入100mL注射器中,加入40mL水样,排出针筒内空气,再吸入40mL氮气,然后将注射器用胶帽封好,置于康氏振荡器水槽中固定,在35℃恒温下振荡5min,抽取液上空中的气体5mL做色谱分析。当废水中苯系物浓度较高时,可减少进样量。

(2) 二硫化碳萃取的富集方法

取调至酸性(pH<2)的水样放入250mL分液漏斗中,加5mL二硫化碳,振摇2min,静置分层后,分离出有机相,在规定的色谱条件下,取5μL萃取液做色谱分析。

注:如用二硫化碳萃取时发生乳化现象,可在分液漏斗中加入适量无水硫酸钠破乳,收集萃取液时,在分液漏斗的颈下部塞一块玻璃棉,使萃取液过滤。弃去最初几滴,收集余下的二硫化碳溶液,以备测定。

3. 调整仪器

(1) 汽化室温度:200℃。

(2) 柱箱温度:恒温,65℃。

(3) 载气流速:流速34mL/min。根据色谱柱的阻力调节柱前压。

(4) 检测器

① 检测室温度:150℃。

② 放大器输入阻抗:$10^{10}\Omega$。

③ 辅助气体的调节:氢气流速:36mL/min;空气流速:384mL/min。

(5) 记录器

① 衰减:根据样品中被测组分含量调节记录仪衰减。

② 纸速:300mm/h。

4. 校准

(1) 外标法

(2) 标准样品

1）标准样品的制备：在线性范围内配制一系列浓度的标准溶液。

2）气相色谱法中使用标准样品的条件

① 标准样品进样体积与试样体积相同；

② 仪器的重复条件：一个样品连续注射进样 2 次（液上气相色谱法处理的样品需重新恒温振荡），其峰高相对偏差不大于 7%，即认为仪器处于稳定状态。

（3）校准数据的表示

1）用曲线形式

① 标度的选择：峰高值的标度为毫米。苯系物各组分浓度的标度为毫克每升。

② 曲线图的绘制方法：液上气相色谱法：取苯系物混合标准溶液 0.005、0.01、0.02、0.03、0.04、0.05、0.06、0.07、0.08、0.1mg/L 浓度系列，按液上气相色谱法的预处理步骤操作，并绘制浓度-峰高的校准曲线。

二硫化碳萃取的气相色谱分析方法：取苯系物的色谱标准试剂，用蒸馏水配成 1、2、4、6、8、10、12mg/L 浓度系列，按二硫化碳萃取的气相色谱法的预处理步骤操作，并绘制浓度-峰高的校准曲线。

2）对曲线的校准：在每个工作日，用一个或更多的标准样品对曲线进行校准。

5．实验

（1）进样

1）进样方式：注射器进样。

2）进样量：液上气相色谱法一次进样量为 5.0mL，二硫化碳萃取的气相色谱法一次进样量为 5.0μL。

（2）操作

① 液上气相色谱法：按预处理步骤抽取液上空中的气样到已预热到温度稍高于 35℃ 的 5mL 注射器中，迅速注射至色谱仪中，立即拔出注射器。

② 二硫化碳萃取的气相色谱法：用待分析的萃取液润湿 10μL 微量注射器的针筒和针头，抽取萃取液至针筒中，排出气泡和多余的萃取液，保留 5.0μL 体积，迅速注射至色谱仪中，立即拔出注射器。

6．色谱图的考察

（1）标准气相色谱图（见图 3-7）

柱填充剂：3%有机皂土＋2.5%DNP（质量混合比 35∶65，串联）。

载气：氮气 34mL/min。

柱温：65℃。

（2）定性

① 各组分的洗脱次序：苯、甲苯、乙苯、对二甲苯、间二甲苯、邻二甲苯、异丙苯、苯乙烯。

② 相对保留值：苯 0.16，甲苯 0.41，乙苯 0.88，对二甲苯 1.00，间二甲苯 1.07，邻二甲苯 1.29，异丙苯 1.42，苯乙烯 1.69。

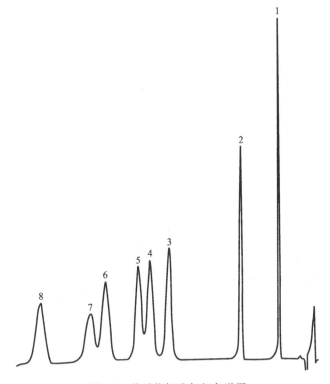

图 3-7 苯系物标准气相色谱图

1—苯；2—甲苯；3—乙苯；4—对二甲苯；5—间二甲苯；6—邻二甲苯；7—异丙苯；8—苯乙烯

③ 检验可能存在的干扰：用另一根色谱柱进行分析，可确定样品色谱峰有无干扰。

(3) 定量

① 色谱峰的测量：以峰的起点和终点连线作为峰底。从峰高极大值对时间轴作垂线，对应的时间即为保留时间。此线从峰顶至峰底间的线段即为峰高。

② 计算：由色谱峰量出各组分的峰高，然后在各自的校准曲线上查出相应的待测物浓度。

六、数据处理

1. 定性结果

根据标准谱图各组分的保留时间确定被测试样中出现的组分数目和组分名称。

2. 定量结果

① 含量的表示方法：根据校准曲线查出组分的含量，以 mg/L 表示。

② 精密度：见表 3-9。

③ 准确度：见表 3-10。

④ 最低检出浓度：最低检出浓度为全程序试剂空白信号值的 5 倍标准差所对应的浓度。

表 3-9　精密度数据表（8 个实验室）

组分	液上气相色谱法 CV/%			二硫化碳萃取气相色谱法 CV/%		
	$0.1C$	$0.5C$	$0.9C$	$0.1C$	$0.5C$	$0.9C$
苯	8.5	4.9	4.1	4.3	4.1	6.6
甲苯	9.3	6.2	5.2	5.1	5.1	7.9
乙苯	8.9	5.6	6.2	5.0	4.3	9.9
对二甲苯	9.4	5.8	6.4	5.9	7.9	7.4
间二甲苯	11.9	5.9	6.0	8.2	4.5	6.5
邻二甲苯	10.6	6.6	5.9	8.1	4.9	4.6
异丙苯	11.8	7.5	6.7	10.5	6.1	6.7
苯乙烯	10.1	6.7	5.2	6.8	6.6	3.5

注：C 为方法的浓度上限，液上气相色谱法 $C=0.1\text{mg/L}$，二硫化碳萃取气相色谱法 $C=12\text{mg/L}$。

表 3-10　准确度数据表（8 个实验室）

组成		苯	甲苯	乙苯	对二甲苯	间二甲苯	邻二甲苯	异丙苯	苯乙烯
加标回收率/%	液上气相色谱法	83.0	89.5	95.5	94.2	92.4	90.7	101.7	95.8
	二硫化碳萃取气相色谱法	88.5	88.6	95.4	96.4	94.7	92.9	87.4	100.4

第四章 空气、土壤及其他监测

实验一 空气质量监测——TSP 的测定

一、实验目的

掌握用中流量总悬浮颗粒物采样器（简称采样器）进行空气中总悬浮颗粒物测定的原理和操作方法。

二、相关标准和依据

本方法主要依据 GB/T 15432—1995《环境空气 总悬浮颗粒物的测定 重量法》。

三、实验原理

通过具有一定切割特性的采样器，以恒速抽取定量体积的空气，空气中粒径小于 $100\mu m$ 的悬浮颗粒物，被截留在已恒重的滤膜上。根据采样前、后滤膜质量之差及采样体积，计算总悬浮颗粒物的浓度。滤膜经处理后，进行组分分析。

四、实验仪器和材料

1. 大流量或中流量采样器。
2. 孔口流量计
① 大流量孔口流量计：量程 $0.7 \sim 1.4 m^3/min$；流量分辨率 $0.01 m^3/min$；精度优于 $\pm 2\%$。

② 中流量孔口流量计：量程 70～160L/min；流量分率 1L/min；精度优于±2%。

3. U 型管压差计：最小刻度 0.1hPa。

4. X 光看片机：用于检查滤膜有无缺损。

5. 打号机：用于在滤膜及滤膜袋上打号。

6. 镊子：用于夹取滤膜。

7. 滤膜：超细玻璃纤维滤膜，对 0.3μm 标准粒子的截留效率不低于 99%，在气流速度为 0.45m/s 时，单张滤膜阻力不大于 3.5kPa，在同样气流速度下，抽取经高效过滤净化的空气 5h，1cm² 滤膜失重不大于 0.012mg。

8. 滤膜袋：用于存放采样后对折的采尘滤膜。袋面印有编号、采样日期、采样地点、采样人等项栏目。

9. 滤膜保存盒：用于保存、运送滤膜，保证滤膜在采样前处于平展不受折状态。

10. 恒温恒湿箱：箱内空气温度要求在 15～30℃ 范围内连续可调，控温精度±1℃；箱内空气相对湿度应控制在 (50±5)%。恒温恒湿箱可连续工作。

11. 天平

① 总悬浮颗粒物大盘天平：用于大流量采样滤膜称量。称量范围≥10g；感量 1mg；再现性（标准差）≤2mg。

② 分析天平：用于中流量采样滤膜称量。称量范围≥10g；感量 0.1mg；再现性（标准差）≤0.2mg。

五、实验步骤

1. 滤膜准备

① 每张滤膜均需用 X 光看片机进行检查，不得有针孔或任何缺陷。在选中的滤膜光滑表面的两个对角上打印编号。滤膜袋上打印同样编号备用。

② 将滤膜放在恒温恒湿箱中平衡 24h，平衡温度取 15～30℃ 中任一点，记录下平衡温度与湿度。

③ 在上述平衡条件下称量滤膜，大流量采样器滤膜称量精确到 1mg，中流量采样器滤膜称量精确到 0.1mg。记录下滤膜质量 W_0 (g)。

④ 称量好的滤膜平展地放在滤膜保存盒中，采样前不得将滤膜弯曲或折叠。

2. 安放滤膜及采样

① 打开采样头顶盖，取出滤膜夹。用清洁干布擦去采样头内及滤膜夹的灰尘。

② 将已编号并称量过的滤膜绒面向上，放在滤膜支持网上，放上滤膜夹，对正，拧紧，使不漏气，安好采样头顶盖，按照采样器使用说明，设置采样时间，即可启动采样。

③ 样品采完后，打开采样头，用镊子轻轻取下滤膜，采样面向里，将滤膜对折，放入号相同的滤膜袋中。取滤膜时，如发现滤膜损坏，或滤膜上尘的边缘轮廓不清晰、滤膜安装歪斜（说明漏气），则本次采样作废，需重采样。

3. 尘膜的平衡及称量

① 尘膜在恒温恒湿箱中,与干净滤膜平衡条件相同的温度、湿度,平衡 24h。

② 在上述平衡条件下称量滤膜,大流量采样器滤膜称量精确到 1mg,中流量采样器滤膜称量精确到 0.1mg,记录下滤膜质量 W_1(g)。滤膜增重,大流量滤膜不小于 100mg,中流量滤膜不小于 10mg。

六、数据处理

$$总悬浮颗粒物含量(\mu g/m^3) = \frac{K(W_1 - W_0)}{Q_a t}$$

式中　t——累积采样时间,min;
　　　Q_a——采样器平均抽气量,L/min;
　　　K——常数,大流量采样器 $K = 1 \times 10^6$;中流量采样器 $K = 1 \times 10^9$。

当两台总悬浮颗粒物采样器安放位置相距不大于 4m,不少于 2m 时,同时采样测定总悬浮颗粒物含量,相对偏差不大于 15%。

七、思考题

1. 中流量采样器测定 TSP 时,两台采样器放置的位置至少应该间隔多大距离?
2. 采样过程中,如何确定最合理的采样时间?

实验二　空气质量监测——SO_2 的测定

一、实验目的

掌握采用甲醛吸收-副玫瑰苯胺分光光度法测定环境空气中二氧化硫的原理和操作方法。

二、相关标准和依据

本方法主要依据 HJ 482—2009《环境空气　二氧化硫的测定　甲醛吸收-副玫瑰苯胺分光光度法》。

当使用 10mL 吸收液,采样体积为 30L 时,测定空气中二氧化硫的检出限为 0.007mg/m³,测定下限为 0.028mg/m³,测定上限为 0.667mg/m³。当使用 50mL 吸收液,采样体积为 288L,且试份为 10mL 时,测定空气中二氧化硫的检出限为 0.004mg/m³,

测定下限为 0.014mg/m³，测定上限为 0.347mg/m³。

三、实验原理

二氧化硫被甲醛缓冲溶液吸收后，生成稳定的羟甲基磺酸加成化合物，在样品溶液中加入氢氧化钠使加成化合物分解，释放出的二氧化硫与副玫瑰苯胺、甲醛作用，生成紫红色化合物，用分光光度计在波长 577nm 处测量吸光度。

测定中主要干扰物为氮氧化物、臭氧及某些重金属元素。采样后放置一段时间可使臭氧自行分解；加入氨磺酸钠溶液可消除氮氧化物的干扰；吸收液中加入磷酸和环己二胺四乙酸二钠盐可以消除或减少某些金属离子的干扰。10mL 样品溶液中含有 50μg 钙、镁、铁、镍、镉、铜等金属离子及 5μg 二价锰离子时，对本方法测定不产生干扰。当 10mL 样品溶液中含有 10μg 二价锰离子时，可使样品的吸光度降低 27%。

四、试剂和材料

1. 碘酸钾（KIO_3）：优级纯，经 110℃ 干燥 2h。
2. 氢氧化钠溶液，$c(NaOH)=1.5mol/L$：称取 6.0g NaOH，溶于 100mL 水中。
3. 环己二胺四乙酸二钠溶液，$c(CDTA-2Na)=0.05mol/L$：称取 1.82g 反式 1,2-环己二胺四乙酸 [（trans-1,2-cyclohexylen edinitrilo) tetraacetic acid，简称 CDTA-2Na]，加入氢氧化钠溶液 6.5mL，用水稀释至 100mL。
4. 甲醛缓冲吸收贮备液：吸取 36%～38% 的甲醛溶液 5.5mL，CDTA-2Na 溶液 20.00mL；称取 2.04g 邻苯二甲酸氢钾，溶于少量水中；将三种溶液合并，再用水稀释至 100mL，贮于冰箱可保存 1 年。
5. 甲醛缓冲吸收液：用水将甲醛缓冲吸收贮备液稀释 100 倍。临用时现配。
6. 氨磺酸钠溶液，$\rho(NaH_2NSO_3)=6.0g/L$：称取 0.60g 氨磺酸（H_2NSO_3H）置于 100mL 烧杯中，加入 4.0mL 氢氧化钠溶液，用水搅拌至完全溶解后稀释至 100mL，摇匀。此溶液密封可保存 10d。
7. 碘贮备液，$c(1/2I_2)=0.10mol/L$：称取 12.7g 碘（I_2）于烧杯中，加入 40g 碘化钾和 25mL 水，搅拌至完全溶解，用水稀释至 1000mL，贮存于棕色细口瓶中。
8. 碘溶液，$c(1/2I_2)=0.010mol/L$：量取碘贮备液 50mL，用水稀释至 500mL，贮于棕色细口瓶中。
9. 淀粉溶液，$\rho=5.0g/L$：称取 0.5g 可溶性淀粉于 150mL 烧杯中，用少量水调成糊状，慢慢倒入 100mL 沸水，继续煮沸至溶液澄清，冷却后贮于试剂瓶中。
10. 碘酸钾基准溶液，$c(1/6KIO_3)=0.1000mol/L$：准确称取 3.5667g 碘酸钾溶于水，移入 1000mL 容量瓶中，用水稀释至标线，摇匀。
11. 盐酸溶液，$c(HCl)=1.2mol/L$：量取 100mL 浓盐酸，用水稀释至 1000mL。
12. 硫代硫酸钠标准贮备液，$c(Na_2S_2O_3)=0.10mol/L$

称取 25.0g 硫代硫酸钠（$Na_2S_2O_3 \cdot 5H_2O$），溶于 1000mL 新煮沸但已冷却的水中，加入 0.2g 无水碳酸钠，贮于棕色细口瓶中，放置一周后备用。如溶液呈现浑浊，必须过滤。

标定方法：吸取三份 20.00mL 碘酸钾基准溶液，分别置于 250mL 碘量瓶中，加 70mL 新煮沸但已冷却的水，加 1g 碘化钾，振摇至完全溶解后，加 10mL 盐酸溶液，立即盖好瓶塞，摇匀。于暗处放置 5min 后，用硫代硫酸钠标准贮备液滴定溶液至浅黄色，加 2mL 淀粉溶液，继续滴定至蓝色刚好褪去为终点。硫代硫酸钠标准溶液的摩尔浓度按下式计算

$$c_1 = \frac{0.1000 \times 20.00}{V}$$

式中　c_1——硫代硫酸钠标准溶液的摩尔浓度，mol/L；
　　　V——滴定所耗硫代硫酸钠标准溶液的体积，mL。

13. 硫代硫酸钠标准溶液，$c(Na_2S_2O_3) = (0.01 \pm 0.00001)$ mol/L；取 50.0mL 硫代硫酸钠贮备液置于 500mL 容量瓶中，用新煮沸但已冷却的水稀释至标线，摇匀。

14. 乙二胺四乙酸二钠盐（EDTA-2Na）溶液，$\rho = 0.50$ g/L：称取 0.25g 乙二胺四乙酸二钠盐 EDTA=[$CH_2N(COONa)CH_2COOH$]·H_2O 溶于 500mL 新煮沸但已冷却的水中。临用时现配。

15. 亚硫酸钠溶液，$\rho(Na_2SO_3) = 1$ g/L

称取 0.2g 亚硫酸钠（Na_2SO_3），溶于 200mL EDTA-2Na 溶液中，缓缓摇匀以防充氧，使其溶解。放置 2~3h 后标定。此溶液每毫升相当于 320~400μg 二氧化硫。

标定方法：

① 取 6 个 250mL 碘量瓶（A_1、A_2、A_3、B_1、B_2、B_3），分别加入 50.0mL 碘溶液（0.010mol/L）。在 A_1、A_2、A_3 内各加入 25mL 水，在 B_1、B_2 内加入 25.00mL 亚硫酸钠溶液，盖好瓶盖。

② 立即吸取 2.00mL 亚硫酸钠溶液（1g/L）加到一个已装有 40~50mL 甲醛缓冲吸收贮备液的 100mL 容量瓶中，并用甲醛缓冲吸收贮备液稀释至标线、摇匀。此溶液即为二氧化硫标准贮备溶液，在 4~5℃下冷藏，可稳定 6 个月。

③ 紧接着再吸取 25.00mL 亚硫酸钠溶液加入 B_3 内，盖好瓶塞。

④ A_1、A_2、A_3、B_1、B_2、B_3 六个瓶子于暗处放置 5min 后，用硫代硫酸钠溶液（0.01mol/L）滴定至浅黄色，加 5mL 淀粉指示剂，继续滴定至蓝色刚刚消失。平行滴定所用硫代硫酸钠溶液的体积之差应不大于 0.05mL。

二氧化硫标准贮备溶液的质量浓度由下式计算

$$\rho(SO_2) = \frac{(V_0 - V)c_2 \times 32.02 \times 10^3}{25.00} \times \frac{2.00}{100}$$

式中　$\rho(SO_2)$——二氧化硫标准贮备溶液的质量浓度，μg/mL；
　　　V_0——空白滴定所用硫代硫酸钠溶液的体积，mL；
　　　V——样品滴定所用硫代硫酸钠溶液的体积，mL；
　　　c_2——硫代硫酸钠溶液的浓度，mol/L。

16. 二氧化硫标准溶液，$\rho(Na_2SO_3)=1.00\mu g/mL$：用甲醛缓冲吸收液将二氧化硫标准贮备溶液稀释成每毫升含 1.0μg 二氧化硫的标准溶液。此溶液用于绘制校准曲线，在 4～5℃下冷藏，可稳定 1 个月。

17. 盐酸副玫瑰苯胺（pararosaniline，PRA，即副品红或对品红）贮备液，$\rho=0.2g/100mL$：其纯度应达到副玫瑰苯胺提纯及检验方法的质量要求。

18. 副玫瑰苯胺溶液，$\rho=0.50g/L$：吸取 25.00mL 副玫瑰苯胺贮备液于 100mL 容量瓶中，加 30mL 85%的浓磷酸，12mL 浓盐酸，用水稀释至标线，摇匀，放置过夜后使用。避光密封保存。

19. 盐酸-乙醇清洗液：由三份（1+4）盐酸和一份 95% 乙醇混合配制而成，用于清洗比色管和比色皿。

五、实验仪器

1. 分光光度计。
2. 多孔玻板吸收管：10mL 多孔玻板吸收管，用于短时间采样；50mL 多孔玻板吸收管，用于 24h 连续采样。
3. 恒温水浴：0～40℃，控制精度为±1℃。
4. 具塞比色管：10mL，用过的比色管和比色皿应及时用盐酸-乙醇清洗液浸洗，否则红色难以洗净。
5. 空气采样器：用于短时间采样的普通空气采样器，流量范围 0.1～1L/min，应具有保温装置。用于 24h 连续采样的采样器应具备有恒温、恒流、计时、自动控制开关的功能，流量范围 0.1～0.5L/min。
6. 一般实验室常用仪器。

六、实验步骤

1. 样品的采集

① 短时间采样：采用内装 10mL 吸收液的多孔玻板吸收管，以 0.5L/min 的流量采气 45～60min。吸收液温度保持在 23～29℃范围。

② 24h 连续采样：用内装 50mL 吸收液的多孔玻板吸收瓶，以 0.2L/min 的流量连续采样 24h。吸收液温度保持在 23～29℃范围。

③ 现场空白：将装有吸收液的采样管带到采样现场，除了不采气之外，其他环境条件与样品相同。

注：① 样品采集、运输和贮存过程中应避免阳光照射。
② 放置在室（亭）内的 24h 连续采样器，进气口应连接符合要求的空气质量集中采样管路系统，以减少二氧化硫进入吸收瓶前的损失。

2. 校准曲线的绘制

取 16 支 10mL 具塞比色管，分 A、B 两组，每组 7 支，分别对应编号。A 组按表 4-1 配制校准系列。

表 4-1　二氧化硫校准系列

管号	0	1	2	3	4	5	6
二氧化硫标准溶液(1.00μg/mL)/mL	0	0.50	1.00	2.00	5.00	8.00	10.00
甲醛缓冲吸收液/mL	10.00	9.50	9.00	8.00	5.00	2.00	0
二氧化硫含量/(μg/10mL)	0	0.50	1.00	2.00	5.00	8.00	10.00

在 A 组各管中分别加入 0.5mL 氨磺酸钠溶液和 0.5mL 氢氧化钠溶液，混匀。

在 B 组各管中分别加入 1.00mL PRA 溶液。

将 A 组各管的溶液迅速地全部倒入对应编号并盛有 PRA 溶液的 B 管中，立即加塞混匀后放入恒温水浴装置中显色。在波长 577nm 处，用 10mm 比色皿，以水为参比测量吸光度。以空白校正后各管的吸光度为纵坐标，以二氧化硫的质量浓度（μg/10mL）为横坐标，用最小二乘法建立校准曲线的回归方程。

显色温度与室温之差不应超过 3℃。根据季节和环境条件按表 4-2 选择合适的显色温度与显色时间。

表 4-2　显色温度与显色时间

显色温度/℃	10	15	20	25	30
显色时间/min	40	25	20	15	5
稳定时间/min	35	25	20	15	10
试剂空白吸光度 A_0	0.030	0.035	0.040	0.050	0.060

3. 样品的测定

① 样品溶液中如有浑浊物，则应离心分离除去。

② 样品放置 20min，以使臭氧分解。

③ 短时间采集的样品：将吸收管中的样品溶液移入 10mL 比色管中，用少量甲醛缓冲吸收液洗涤吸收管，洗液并入比色管中并稀释至标线。加入 0.5mL 氨磺酸钠溶液，混匀，放置 10min 以除去氮氧化物的干扰。以下步骤同校准曲线的绘制。

④ 连续 24h 采集的样品：将吸收瓶中样品移入 50mL 容量瓶（或比色管）中，用少量甲醛缓冲吸收液洗涤吸收瓶后再倒入容量瓶（或比色管）中，并用吸收液稀释至标线。吸取适当体积的试样（视浓度高低而决定取 2～10mL）于 10mL 比色管中，再用吸收液稀释至标线，加入 0.5mL 氨磺酸钠溶液，混匀，放置 10min 以除去氮氧化物的干扰，以下步骤同校准曲线的绘制。

七、数据处理

空气中二氧化硫的质量浓度，按下式计算

$$\rho(\mathrm{SO}_2) = \frac{A - A_0 - a}{bV_r} \times \frac{V_t}{V_a}$$

式中　$\rho(\mathrm{SO}_2)$——空气中二氧化硫的质量浓度，mg/m^3；

　　　A——样品溶液的吸光度；

　　　A_0——试剂空白溶液的吸光度；

　　　b——校准曲线的斜率，吸光度·$10mL/\mu g$；

　　　a——校准曲线的截距（一般要求小于0.005）；

　　　V_t——样品溶液的总体积，mL；

　　　V_a——测定时所取试样的体积，mL；

　　　V_r——换算成参比状态下（1013.25hPa，298.15K）的采样体积，L。

计算结果准确到小数点后三位。

八、注意事项

1. 多孔玻板吸收管的阻力为（6.0±0.6）kPa，2/3玻板面积发泡均匀，边缘无气泡逸出。

2. 采样时吸收液的温度在23～29℃时，吸收效率为100%。10～15℃时，吸收效率偏低5%。高于33℃或低于9℃时，吸收效率偏低10%。

3. 每批样品至少测定2个现场空白。即将装有吸收液的采样管带到采样现场，除了不采气之外，其他环境条件与样品相同。

4. 当空气中二氧化硫浓度高于测定上限时，可以适当减少采样体积或者减少试样的体积。

5. 如果样品溶液的吸光度超过校准曲线的上限，可用试剂空白液稀释，在数分钟内再测定吸光度，但稀释倍数不要大于6。

6. 显色温度低，显色慢，稳定时间长。显色温度高，显色快，稳定时间短。操作人员必须了解显色温度、显色时间和稳定时间的关系，严格控制反应条件。

7. 测定样品时的温度与绘制校准曲线时的温度之差不应超过2℃。

8. 在给定条件下校准曲线斜率应为0.042±0.004，试剂空白吸光度A_0在显色规定条件下波动范围不超过±15%。

9. 六价铬能使紫红色络合物褪色，产生负干扰，故应避免用硫酸-铬酸洗液洗涤玻璃器皿。若已用硫酸-铬酸洗液洗涤过，则需用盐酸溶液（1+1）浸洗，再用水充分洗涤。

九、思考题

1. 在校准曲线制作过程中，各系列的吸光度值很低，分析可能存在的原因。

2. 如何合理确定显色时间？

实验三 空气质量监测——NO_x 的测定

一、实验目的

掌握采用盐酸萘乙二胺分光光度法测定环境空气中的氮氧化物的原理和操作方法。

二、相关标准和依据

本方法主要依据 HJ 479—2009《环境空气 氮氧化物（一氧化氮和二氧化氮）的测定 盐酸萘乙二胺分光光度法》，适用于环境空气中氮氧化物、二氧化氮、一氧化氮的测定。

本方法检出限为 $0.12\mu g/10mL$ 吸收液。当吸收液总体积为 10mL，采样体积为 24L 时，空气中氮氧化物的检出限为 $0.005mg/m^3$。当吸收液总体积为 50mL，采样体积为 288L 时，空气中氮氧化物的检出限为 $0.003mg/m^3$。当吸收液总体积为 10mL，采样体积为 12~24L 时，环境空气中氮氧化物的测定范围为 $0.020\sim 2.5mg/m^3$。

三、实验原理

空气中的氮氧化物主要以 NO 和 NO_2 形态存在。测定时将 NO 氧化成 NO_2，用吸收液吸收后，首先生成亚硝酸和硝酸。其中，亚硝酸与对氨基苯磺酸发生重氮化反应，再与 N-(1-萘基)乙二胺盐酸盐作用，生成玫瑰红色偶氮染料，根据颜色深浅采用分光光度法定量。

空气中的二氧化氮被串联的第一支吸收瓶中的吸收液吸收并反应生成粉红色偶氮染料。空气中的一氧化氮不与吸收液反应，通过氧化管时被酸性高锰酸钾溶液氧化为二氧化氮，被串联的第二支吸收瓶中的吸收液吸收并反应生成粉红色偶氮染料。生成的偶氮染料在波长 540nm 处的吸光度与二氧化氮的含量成正比。分别测定第一支和第二支吸收瓶中样品的吸光度，计算两支吸收瓶内二氧化氮和一氧化氮的质量浓度，二者之和即为氮氧化物的质量浓度（以二氧化氮计）。

四、试剂和材料

1. 冰乙酸。
2. 盐酸羟胺溶液，$\rho=0.2\sim 0.5g/L$。

3. 硫酸溶液，$c(1/2H_2SO_4)=1mol/L$：取 15mL 浓硫酸（$\rho_{20}=1.84g/mL$），徐徐加入 500mL 水中，搅拌均匀，冷却备用。

4. 酸性高锰酸钾溶液，$\rho(KMnO_4)=25g/L$：称取 25g 高锰酸钾于 1000mL 烧杯中，加入 500mL 水，稍微加热使其全部溶解，然后加入 1mol/L 硫酸溶液 500mL，搅拌均匀，贮于棕色试剂瓶中。

5. N-(1-萘基)乙二胺盐酸盐贮备液，$\rho[C_{10}H_7NH(CH_2)_2NH_2 \cdot 2HCl]=1.00g/L$：称取 0.50g N-(1-萘基)乙二胺盐酸盐于 500mL 容量瓶中，用水溶解稀释至刻度。此溶液贮于密闭的棕色瓶中，在冰箱中冷藏可稳定保存 3 个月。

6. 显色液：称取 5.0g 对氨基苯磺酸（$NH_2C_6H_4SO_3H$）溶解于约 200mL 40～50℃ 热水中，将溶液冷却至室温，全部移入 1000mL 容量瓶中，加入 50mL N-(1-萘基)乙二胺盐酸盐贮备液和 50mL 冰乙酸，用水稀释至刻度。此溶液贮于密闭的棕色瓶中，在 25℃ 以下暗处存放可稳定 3 个月。若溶液呈现淡红色，应弃之重配。

7. 吸收液：使用时将显色液和水按 4∶1（体积分数）比例混合，即为吸收液。吸收液的吸光度应小于等于 0.005。

8. 亚硝酸盐标准贮备液，$\rho(NO_2^-)=250\mu g/mL$：准确称取 0.3750g 亚硝酸钠 [$NaNO_2$，优级纯，使用前在 (105±5)℃ 干燥恒重] 溶于水，移入 1000mL 容量瓶中，用水稀释至标线。此溶液贮于密闭棕色瓶中于暗处存放，可稳定保存 3 个月。

9. 亚硝酸盐标准工作液，$\rho(NO_2^-)=2.5\mu g/mL$：准确吸取亚硝酸盐标准贮备液 1.00mL 于 100mL 容量瓶中，用水稀释至标线。临用现配。

五、实验仪器

1. 分光光度计。

2. 空气采样器：流量范围 0.1～1.0L/min。采样流量为 0.4L/min 时，相对误差小于 ±5%。

3. 恒温、半自动连续空气采样器：采样流量为 0.2L/min 时，相对误差小于 ±5%，能将吸收液温度保持在 (20±4)℃。采样连接管线：硼硅玻璃管、不锈钢管、聚四氟乙烯管或硅胶管，内径约为 6mm，尽可能短些，任何情况下不得超过 2m，配有朝下的空气入口。

4. 吸收瓶：可装 10、25、50mL 吸收液的多孔玻板吸收瓶，液柱高度不低于 80mm。吸收瓶的玻板阻力、气泡分散的均匀性及采样效率按相关标准检查。如图 4-1 所示为较为适用的两种多孔玻板吸收瓶。使用棕色吸收瓶或采样过程中吸收瓶外罩黑色避光罩。新的多孔玻板吸收瓶或使用后的多孔玻板吸收瓶，应用 (1+1) HCl 浸泡 24h 以上，用清水洗净。

5. 氧化瓶：可装 5、10、50mL 酸性高锰酸钾溶液的洗气瓶，液柱高度不能低于 80mm。使用后，用盐酸羟胺溶液浸泡洗涤。图 4-2 示出了较为适用的两种氧化瓶。

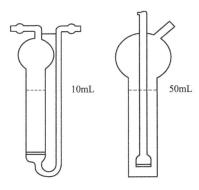
图 4-1 多孔玻板吸收瓶示意图

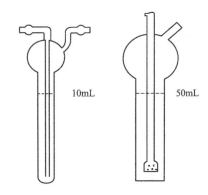
图 4-2 氧化瓶示意图

六、实验步骤

1. 样品的采集

(1) 短时间采样（1h 以内）

取两支内装 10.0mL 吸收液的多孔玻板吸收瓶和一支内装 5～10mL 酸性高锰酸钾溶液的氧化瓶（液柱高度不低于 80mm），用尽量短的硅橡胶管将氧化瓶串联在两支吸收瓶之间，以 0.4L/min 流量采气 4～24L。

(2) 长时间采样（24h）

取两支大型多孔玻板吸收瓶，装入 25.0mL 或 50.0mL 吸收液（液柱高度不低于 80mm），标记液面位置。取一支内装 50mL 酸性高锰酸钾溶液的氧化瓶，接入采样系统，将吸收液恒温在 (20±4)℃，以 0.2L/min 流量采气 288L。

> 注：氧化管中有明显的沉淀物析出时，应及时更换。
> 一般情况下，内装 50mL 酸性高锰酸钾溶液的氧化瓶可使用 15～20d（隔日采样）。采样过程注意观察吸收液颜色变化，避免因氮氧化物浓度过高而穿透。

(3) 采样要求

采样前应检查采样系统的气密性，用皂膜流量计进行流量校准。采样流量的相对误差应小于±5%。采样期间，样品运输和存放过程中应避免阳光照射。气温超过 25℃时，长时间（8h 以上）运输和存放样品应采取降温措施。

采样结束时，为防止溶液倒吸，应在采样泵停止抽气的同时，闭合连接在采样系统中的止水夹或电磁阀（见图 4-3 或图 4-4）。

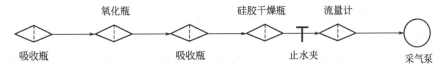
图 4-3 手工采样系列示意图

图 4-4　连续自动采样系列示意图

(4) 现场空白

装有吸收液的吸收瓶带到采样现场，与样品在相同的条件下保存、运输，直至送交实验室分析，运输过程中应注意防止沾污。要求每次采样至少做 2 个现场空白。

(5) 样品的保存

样品采集、运输及存放过程中避光保存，样品采集后尽快分析。若不能及时测定，将样品于低温暗处存放，样品在 30℃ 暗处存放，可稳定 8h；在 20℃ 暗处存放，可稳定 24h；于 0~4℃ 冷藏，至少可稳定 3d。

2. 样品的测定

(1) 校准曲线的绘制

取 6 支 10mL 具塞比色管，按表 4-3 制备亚硝酸盐标准溶液系列。根据表 4-3 分别移取相应体积的亚硝酸钠标准工作液，加水至 2.00mL，加入显色液 8.00mL。

表 4-3　NO_2^- 标准溶液系列

管号	0	1	2	3	4	5
标准工作液/mL	0.00	0.40	0.80	1.20	1.60	2.00
水/mL	2.00	1.60	1.20	0.80	0.40	0.00
显色液/mL	8.00	8.00	8.00	8.00	8.00	8.00
NO_2^- 质量浓度/(μg/mL)	0.00	0.10	0.20	0.30	0.40	0.50

各管混匀，于暗处放置 20min（室温低于 20℃ 时放置 40min 以上），用 10mm 比色皿，在波长 540nm 处，以水为参比测量吸光度，扣除 0 号管的吸光度以后，对应 NO_2^- 的浓度（μg/mL），用最小二乘法计算校准曲线的回归方程。

校准曲线斜率控制在 0.960~0.978（吸光度·mL/μg），截距控制在 0~0.005 之间。

(2) 空白实验

① 实验室空白实验：取实验室内未经采样的空白吸收液，用 10mm 比色皿，在波长 540nm 处，以水为参比测定吸光度。实验室空白吸光度 A_0 在显色规定条件下波动范围不超过 ±15%。

② 现场空白：同上述方法测定吸光度。将现场空白和实验室空白的测量结果相对照，若现场空白与实验室空白相差过大，查找原因，重新采样。

(3) 测定

采样后放置 20min，室温 20℃ 以下时放置 40min 以上，用水将采样瓶中吸收液的体积补充至标线，混匀。用 10mm 比色皿，在波长 540nm 处，以水为参比测量吸光度，同时测定空白样品的吸光度。

若样品的吸光度超过校准曲线的上限,应用实验室空白试液稀释,再测定其吸光度。但稀释倍数不得大于 6。

七、数据处理

1. 空气中二氧化氮浓度 ρ_{NO_2} (mg/m³) 按下式计算

$$\rho_{NO_2} = \frac{(A_1 - A_0 - a)VD}{bfV_r}$$

2. 空气中一氧化氮浓度有两种计算方法

ρ_{NO} (mg/m³) 以二氧化氮(NO_2)计,按下式计算

$$\rho_{NO} = \frac{(A_2 - A_0 - a)VD}{bfV_rK}$$

ρ'_{NO} (mg/m³) 以一氧化氮(NO)计,按下式计算

$$\rho'_{NO} = \frac{\rho_{NO} \times 30}{46}$$

3. 空气中氮氧化物的浓度 ρ_{NO_x} (mg/m³) 以二氧化氮(NO_2)计,按下式计算

$$\rho_{NO_x} = \rho_{NO_2} + \rho_{NO}$$

式中 A_1、A_2——串联的第一支和第二支吸收瓶中样品的吸光度;

A_0——实验室空白的吸光度;

b——校准曲线的斜率,吸光度·mL/μg;

a——校准曲线的截距;

V——采样用吸收液体积,mL;

V_r——换算为参比状态(1013.25hPa,298.15K)下的采样体积,L;

K——NO→NO_2 氧化系数,0.68;

D——样品的稀释倍数;

f——Saltzman 实验系数,0.88(当空气中二氧化氮浓度高于 0.72mg/m³ 时,f 取值 0.77)。

八、注意事项

1. 空气中二氧化硫浓度为氮氧化物浓度 30 倍时,对二氧化氮的测定产生负干扰。空气中过氧乙酰硝酸酯(PAN)对二氧化氮的测定产生正干扰。

2. 空气中臭氧浓度超过 0.25mg/m³ 时,对二氧化氮的测定产生负干扰。采样时在采样瓶入口端串接一段 15~20cm 长的硅橡胶管,可排除干扰。

实验四 空气中 PM_{10} 和 $PM_{2.5}$ 的测定

一、实验目的

掌握颗粒物采样器的使用方法和测定 PM_{10} 和 $PM_{2.5}$ 的方法。

二、相关标准和依据

本方法主要依据 HJ 618—2011《环境空气 PM_{10} 和 $PM_{2.5}$ 的测定 重量法》。

三、实验原理

分别通过具有一定切割特性的采样器,以恒速抽取定量体积空气,使环境空气中 $PM_{2.5}$ 和 PM_{10} 被截留在已知质量的滤膜上,根据采样前后滤膜的质量差和采样体积,计算出 $PM_{2.5}$ 和 PM_{10} 浓度。

四、实验仪器

1. 切割器

① PM_{10} 切割器、采样系统:切割粒径 $Da_{50}=(10\pm0.5)\mu m$;捕集效率的几何标准差为 $\sigma_g=(1.5\pm0.1)\mu m$。其他性能和技术指标应符合 HJ/T 93—2013 的规定。

② $PM_{2.5}$ 切割器、采样系统:切割粒径 $Da_{50}=(2.5\pm0.2)\mu m$;捕集效率的几何标准差为 $\sigma_g=(1.2\pm0.1)\mu m$。其他性能和技术指标应符合 HJ/T 93—2013 的规定。

2. 采样器孔口流量计或其他符合本标准技术指标要求的流量计

① 大流量流量计:量程 $0.8 \sim 1.4 m^3/min$;误差≤2%。

② 中流量流量计:量程 $60 \sim 125 L/min$;误差≤2%。

③ 小流量流量计:量程<30L/min;误差≤2%。

3. 滤膜

根据样品采集目的可选用玻璃纤维滤膜、石英滤膜等无机滤膜或聚氯乙烯、聚丙烯、混合纤维素等有机滤膜。滤膜对 $0.3\mu m$ 标准粒子的截留效率不低于99%。空白滤膜按分析步骤进行平衡处理至恒重,称量后,放入干燥器中备用。

4. 分析天平:感量 0.1mg 或 0.01mg。

5. 恒温恒湿箱(室):箱(室)内空气温度在 15~30℃ 范围内可调,控温精度±1℃。箱(室)内空气相对湿度应控制在 (50±5)%。恒温恒湿箱(室)可连续工作。

6. 干燥器：内盛变色硅胶。

五、实验步骤

1. 样品的采集

① 环境空气监测中采样环境及采样频率的要求，按 HJ/T 194 的要求执行。采样时，采样器入口距地面高度不得低于 1.5m。采样不宜在风速大于 8m/s 的天气条件下进行。采样点应避开污染源及障碍物。如果测定交通枢纽处 PM_{10} 和 $PM_{2.5}$，采样点应布置在距人行道边缘外侧 1m 处。

② 采用间断采样方式测定日平均浓度时，其次数不应少于 4 次，累积采样时间不应少于 18h。

③ 采样时，将已称重的滤膜用镊子放入洁净采样夹内的滤网上，滤膜毛面应朝进气方向。将滤膜牢固压紧至不漏气。如果测定任何一次浓度，每次需更换滤膜；如测日平均浓度，样品可采集在一张滤膜上。采样结束后，用镊子取出。将有尘面两次对折，放入样品盒或纸袋，并做好采样记录。

④ 采样后滤膜样品称量按测定步骤进行。

滤膜采集后，如不能立即称重，应在 4℃ 条件下冷藏保存。

2. 测定

将滤膜放在恒温恒湿箱（室）中平衡 24h，平衡条件为：温度取 15～30℃ 中任何一点，相对湿度控制在 45%～55% 范围内，记录平衡温度与湿度。在上述平衡条件下，用感量为 0.1mg 或 0.01mg 的分析天平称量滤膜，记录滤膜质量。同一滤膜在恒温恒湿箱（室）中相同条件下再平衡 1h 后称重。对于 PM_{10} 和 $PM_{2.5}$ 颗粒物样品滤膜，两次质量之差分别小于 0.4mg 或 0.04mg 为满足恒重要求。

六、数据处理

1. 结果计算

$PM_{2.5}$ 和 PM_{10} 浓度按下式计算

$$\rho = \frac{w_2 - w_1}{V} \times 1000$$

式中　ρ——PM_{10} 或 $PM_{2.5}$ 浓度，mg/m^3；
　　　w_2——采样后滤膜的质量，g；
　　　w_1——空白滤膜的质量，g；
　　　V——实际采样体积，m^3。

2. 结果表示

计算结果保留 3 位有效数字。小数点后数字可保留到第 3 位。

七、注意事项

1. 采样器每次使用前需进行流量校准。

2. 滤膜使用前均需进行检查,不得有针孔或任何缺陷。滤膜称量时要消除静电的影响。

3. 取清洁滤膜若干张,在恒温恒湿箱(室),按平衡条件平衡24h,称重。每张滤膜非连续称量10次以上,求每张滤膜质量的平均值为该张滤膜的原始质量。以上述滤膜作为"标准滤膜"。每次称滤膜的同时,称量两张"标准滤膜"。若标准滤膜称出的质量在原始质量±5mg(大流量),±0.5mg(中流量和小流量)范围内,则认为该批样品滤膜称量合格,数据可用。否则应检查称量条件是否符合要求并重新称量该批样品滤膜。

4. 要经常检查采样头是否漏气。当滤膜安放正确,采样系统无漏气时,采样后滤膜上颗粒物与四周白边之间界限应清晰,如出现界限模糊时,则表明应更换滤膜密封垫。

5. 对电机有电刷的采样器,应尽可能在电机由于电刷原因停止工作前更换电刷,以免使采样失败。更换时间视以往情况确定。更换电刷后要重新校准流量。新更换电刷的采样器应在负载条件下运转1h,待电刷与转子的整流子良好接触后,再进行流量校准。

6. 当PM_{10}或$PM_{2.5}$含量很低时,采样时间不能过短。对于感量为0.1mg和0.01mg的分析天平,滤膜上颗粒物负载量应分别大于1mg和0.1mg,以减少称量误差。

7. 采样前后,滤膜称量应使用同一台分析天平。

八、思考题

1. 什么是PM_{10}和$PM_{2.5}$?它们主要来源于哪里?

2. PM_{10}和$PM_{2.5}$的测定具有什么样的现实意义?

实验五　空气中一氧化碳的测定

一、实验目的

掌握气相色谱法测定空气中一氧化碳的方法和原理。

二、相关标准和依据

本方法主要依据GB/T 18204.2—2014《公共场所卫生检验方法 第2部分:化学污染物》。

三、实验原理

一氧化碳在色谱柱中与空气的其他成分完全分离后，进入转化炉，在360℃镍触媒催化作用下，与氢气反应，生成甲烷，用氢火焰离子化检测器测定。

四、试剂和材料

1. 碳分子筛：TDX-01，180~250μm，作为固定相。
2. 镍触媒：380~550μm，当一氧化碳<180mg/m^3，二氧化碳<0.4%时，转化率>95%。
3. 一氧化碳标准气体（贮于铝合金瓶中）：不确定度小于1%。
4. 高纯氮气：>99.999%。
5. 纯氢：>99.6%。
6. 塑料铝箔复合膜采气袋：容积400~600mL。

五、实验仪器

1. 气相色谱仪：配备氢火焰离子化检测器的气相色谱仪。
2. 转化炉：可控温度(360±1)℃。
3. 注射器：2、5、10、100mL，体积误差<±1%。
4. 色谱柱：长2m、内径2mm的不锈钢管内填充TDX-01碳分子筛，柱管两端填充玻璃棉。新装的色谱柱在使用前，应在柱温150℃、检测器温度180℃、通氢气60mL/min条件下，老化处理10h。
5. 转化柱：长15cm、内径4mm的不锈钢管内填充镍触媒，柱管两端塞玻璃棉。转化柱装在转化炉内，一端与色谱柱连通，另一端与检测器相连。使用前，转化柱应在炉温360℃、通氢气60mL/min条件下，老化处理10h。转化柱老化与色谱柱老化同步进行。

六、实验步骤

1. 样品的采集

抽取现场空气冲洗采气袋3~4次后，采气400~600mL，密封进气口，带回实验室分析。

2. 色谱分析条件

色谱分析条件常因实验条件不同而有差异，应根据所用气相色谱仪的型号和性能，确定一氧化碳分析最佳的色谱分析条件。下面所列举色谱分析条件是一个实例。

色谱柱温度：78℃；
转化柱温度：360℃；

载气（H_2）：78mL/min；

氮气：130mL/min；

空气：750mL/min；

进样量：用六通进样阀进样1mL。

3. 标准气配制

在5支100mL注射器中，用高纯氮气将已知浓度的一氧化碳标准气体稀释成0.5～50mg/m³范围的4种浓度的标准气体，另取高纯氮气作为零浓度气体。

4. 校准曲线绘制

每个浓度的标准气体分别通过色谱仪的六通进样阀，进样量为1mL，得到各个浓度的色谱峰和保留时间。每个浓度做3次，测量色谱峰高的平均值。以峰高（mm）作纵坐标，浓度（mL/m³）作横坐标，绘制校准曲线，并计算回归线的斜率，以斜率倒数 B_s [mL/(m³·mm)] 作样品测定的计算因子。

5. 校正因子测定

用单点校正法求校正因子。取与样品空气中含一氧化碳浓度相接近的标准气体。测量色谱峰的平均峰高（mm）和保留时间。按下式计算校正因子（f）

$$f = \frac{\varphi_0}{h - h_0}$$

式中　f——校正因子，mL/(m³·mm)；

　　　φ_0——标准气体积分数，mL/m³；

　　　h——标准气平均峰高，mm；

　　　h_0——空白样品平均峰高，mm。

6. 样品分析

通过色谱仪六通进样阀，进样品空气1mL，以保留时间定性，测量一氧化碳的峰高。每个样品做3次分析，求峰高的平均值。高浓度样品，用高纯氮气稀释后再分析。

七、数据处理

1. 体积分数计算

按下式计算空气中一氧化碳体积分数

$$\varphi_P = (h - h_0)B'$$

式中　φ_P——空气中一氧化碳体积分数，mL/m³；

　　　h——样品峰高的平均值，mm；

　　　h_0——空白样品峰高的平均值，mm；

　　　B'——按照校准曲线法或单点校正法得出的计算因子或校正因子，mL/(m³·mm)。

2. 浓度换算

将一氧化碳体积浓度换算成标准状态下的质量浓度。

实验六 空气中臭氧的测定

一、实验目的

掌握靛蓝二磺酸钠分光光度法测定空气中臭氧的方法和原理。

二、相关标准和依据

本方法主要依据 HJ 504—2009《环境空气 臭氧的测定 靛蓝二磺酸钠分光光度法》，适用于环境空气中和相对封闭环境（如室内、车内等）空气中臭氧的测定。

当采样体积为 30L 时，本方法测定空气中臭氧的检出限为 $0.010mg/m^3$，测定下限为 $0.040mg/m^3$。当采样体积为 30L 时，吸收液质量浓度为 $2.5\mu g/L$ 或 $5.0\mu g/L$ 时，测定上限分别为 $0.50mg/m^3$ 或 $1.00mg/m^3$。当空气中臭氧质量浓度超过该上限时，可适当减少采样体积。

三、实验原理

空气中的臭氧在磷酸盐缓冲溶液存在下，与吸收液中蓝色的靛蓝二磺酸钠等摩尔反应，褪色生成靛红二磺酸钠，在 610nm 处测量吸光度，根据蓝色减退的程度定量空气中臭氧的浓度。

四、试剂和材料

1. 溴酸钾标准贮备溶液，$c(1/6\ KBrO_3)=0.1000mol/L$：准确称取 1.3918g 溴酸钾（优级纯，180℃烘 2h），置烧杯中，加入少量水溶解，移入 500mL 容量瓶中，用水稀释至标线。

2. 溴酸钾-溴化钾标准溶液，$c(1/6\ KBrO_3)=0.0100mol/L$：吸取 10.00mL 溴酸钾标准贮备溶液于 100mL 容量瓶中，加入 1.0g 溴化钾（KBr），用水稀释至标线。

3. 硫代硫酸钠标准贮备溶液，$c(Na_2S_2O_3)=0.1000mol/L$。

4. 硫代硫酸钠标准工作溶液，$c(Na_2S_2O_3)=0.00500mol/L$：临用前，取硫代硫酸钠标准贮备溶液用新煮沸并冷却到室温的水准确稀释 20 倍。

5. 硫酸溶液（1+6）。

6. 淀粉指示剂溶液，$\rho=2.0g/L$：称取 0.20g 可溶性淀粉，用少量水调成糊状，慢慢倒入 100mL 沸水，煮沸至溶液澄清。

7. 磷酸盐缓冲溶液，$c(KH_2PO_4\text{-}Na_2HPO_4)=0.050mol/L$：称取 6.8g 磷酸二氢钾（$KH_2PO_4$）、7.1g 无水磷酸氢二钠（$Na_2HPO_4$），溶于水，稀释至 1000mL。

8. 靛蓝二磺酸钠（$C_{16}H_8O_8Na_2S_2$）（简称 IDS）：分析纯、化学纯或生化试剂。

9. IDS 标准贮备溶液

称取 0.25g 靛蓝二磺酸钠溶于水，移入 500mL 棕色容量瓶内，用水稀释至标线，摇匀，在室温暗处存放 24h 后标定。此溶液在 20℃以下暗处存放可稳定 2 周。

标定方法：准确吸取 20.00mL IDS 标准贮备溶液于 250mL 碘量瓶中，加入 20.00mL 溴酸钾-溴化钾溶液，再加入 50mL 水，盖好瓶塞，在（16±1）℃生化培养箱（或水浴）中放置至溶液温度与水浴温度平衡时，加入 5.0mL 硫酸溶液（1+6），立即盖塞、混匀并开始计时，于（16±1）℃暗处放置（35±1.0）min 后，加入 1.0g 碘化钾，立即盖塞，轻轻摇匀至溶解，暗处放置 5min，用硫代硫酸钠标准工作溶液滴定至棕色刚好褪去呈淡黄色，加入 5mL 淀粉指示剂溶液，继续滴定至蓝色消退，终点为亮黄色。记录所消耗的硫代硫酸钠标准工作溶液的体积。

注：① 达到平衡的时间与温差有关，可以预先用相同体积的水代替溶液加入碘量瓶中，放入温度计观察达到平衡所需要的时间。

② 平行滴定所消耗的硫代硫酸钠标准溶液体积不应大于 0.10mL。

每毫升靛蓝二磺酸钠溶液相当于臭氧的质量浓度 ρ（$\mu g/mL$）由下式计算

$$\rho=\frac{c_1V_1-c_2V_2}{V}\times 12.00\times 10^3$$

式中 ρ——每毫升靛蓝二磺酸钠溶液相当于臭氧的质量浓度，$\mu g/mL$；

c_1——溴酸钾-溴化钾标准溶液的浓度，mol/L；

V_1——加入溴酸钾-溴化钾标准溶液的体积，mL；

c_2——滴定时所用硫代硫酸钠标准溶液的浓度，mol/L；

V_2——滴定时所用硫代硫酸钠标准溶液的体积，mL；

V——IDS 标准贮备溶液的体积，mL；

12.00——臭氧的相对分子质量（$1/4\ O_3$），g/mol。

10. IDS 标准工作溶液：将标定后的 IDS 标准贮备液用磷酸盐缓冲溶液逐级稀释成每毫升相当于 1.00μg 臭氧的 IDS 标准工作溶液，此溶液于 20℃以下暗处存放可稳定 1 周。

11. IDS 吸收液：取适量 IDS 标准贮备液，根据空气中臭氧质量浓度的高低，用磷酸盐缓冲溶液稀释成每毫升相当于 2.5μg（或 5.0μg）臭氧的 IDS 吸收液，此溶液于 20℃以下暗处可保存 1 个月。

五、实验仪器

1. 空气采样器：流量范围 0.0～1.0L/min，流量稳定。使用时，用皂膜流量计校准采样系统在采样前和采样后的流量，相对误差应小于±5%。

2. 多孔玻板吸收管：内装 10mL 吸收液，以 0.50L/min 流量采气，玻板阻力应为

4～5kPa，气泡分散均匀。

3. 具塞比色管：10mL。

4. 生化培养箱或恒温水浴：温控精度为±1℃。

5. 水银温度计：精度为±0.5℃。

6. 分光光度计：具20mm比色皿，可于波长610nm处测量吸光度。

7. 一般实验室常用玻璃仪器。

六、实验步骤

1. 样品的采集

用内装（10.00±0.02）mL IDS 吸收液的多孔玻板吸收管，罩上黑色避光套，以 0.5L/min 流量采气 5～30L。当吸收液褪色约 60% 时（与现场空白样品比较），应立即停止采样。样品在运输及存放过程中应严格避光。当确信空气中臭氧的质量浓度较低，不会穿透时，可以用棕色玻板吸收管采样。样品于室温暗处存放至少可稳定 3d。

现场空白样品：用同一批配制的 IDS 吸收液，装入多孔玻板吸收管中，带到采样现场，除了不采集空气样品外，其他环境条件保持与采集空气的采样管相同；每批样品至少带两个现场空白样品。

2. 校准曲线的绘制

① 取 10mL 具塞比色管 6 支，按表 4-4 制备标准色列。

表 4-4 标准色列

管号	1	2	3	4	5	6
IDS 标准工作溶液/mL	10.00	8.00	6.00	4.00	2.00	0.00
磷酸盐缓冲溶液/mL	0.00	2.00	4.00	6.00	8.00	10.0
臭氧质量浓度/(μg/mL)	0.00	0.20	0.40	0.60	0.80	1.00

② 各管摇匀，用 20mm 比色皿，以水作参比，在波长 610nm 下测量吸光度。以校准系列中零浓度管的吸光度（A_0）与各标准色列管的吸光度（A）之差为纵坐标，臭氧质量浓度为横坐标，用最小二乘法计算校准曲线的回归方程

$$y = bx + a$$

式中 y——$A_0 - A$，空白样品的吸光度与各标准色列管的吸光度之差；

x——臭氧质量浓度，μg/mL；

b——回归方程的斜率，吸光度·mL/μg；

a——回归方程的截距。

3. 用已知质量浓度的臭氧标准气体绘制标准工作曲线

当用本方法作紫外臭氧分析仪的二级传递标准时，用已知质量浓度的臭氧标准气体绘制标准工作曲线，详见相关标准。

4. 样品的测定

采样后，在吸收管的入气口端串接一个玻璃尖嘴，在吸收管的出气口端用吸耳球加压将吸收管中的样品溶液移入 25mL（或 50mL）容量瓶中，用水多次洗涤吸收管，使总体积为 25.0mL（或 50.0mL）。用 20mm 比色皿，以水作参比，在波长 610nm 下测量吸光度。

七、数据处理

空气中臭氧的质量浓度按下式计算

$$\rho(O_3) = \frac{(A_0 - A - a)V}{bV_0}$$

式中 $\rho(O_3)$——空气中臭氧的质量浓度，mg/m^3；

A_0——现场空白样品吸光度的平均值；

A——样品的吸光度；

b——校准曲线的斜率；

a——校准曲线的截距；

V——样品溶液的总体积，mL；

V_0——换算为标准状态（101.325kPa、273K）的采样体积，L。

所得结果精确至小数点后三位。

八、注意事项

1. 空气中的二氧化氮可使臭氧的测定结果偏高，约为二氧化氮质量浓度的 6%。空气中二氧化硫、硫化氢、过氧乙酰硝酸酯（PAN）和氟化氢的质量浓度分别高于 750、110、1800、2.5μg/m³ 时，干扰臭氧的测定。空气中氯气、二氧化氯的存在使臭氧的测定结果偏高。但在一般情况下，这些气体的浓度很低，不会造成显著误差。

2. 市售 IDS 不纯，作为标准溶液使用时必须进行标定。用溴酸钾-溴化钾标准溶液标定 IDS 的反应，需要在酸性条件下进行，加入硫酸溶液后反应开始，加入碘化钾后反应即终止。为了避免副反应使反应定量进行，必须严格控制培养箱（或水浴）温度[(16±1)℃] 和反应时间 [(35±1.0)min]。一定要等到溶液温度与培养箱（或水浴）温度达到平衡时再加入硫酸溶液，加入硫酸溶液后应立即盖塞，并开始计时。滴定过程中应避免阳光照射。

3. 本方法为褪色反应，吸收液的体积直接影响测量的准确度，所以装入采样管中吸收液的体积必须准确，最好用移液管加入。采样后向容量瓶中转移吸收液应尽量完全（少量多次冲洗）。装有吸收液的采样管，在运输、保存和取放过程中应防止倾斜或倒置，避免吸收液损失。

实验七　空气飘尘中苯并［a］芘的测定

一、实验目的

掌握乙酰化滤纸层析荧光分光光度法测定空气中苯并［a］芘的方法和原理。

二、相关标准和依据

本方法主要依据 GB 8971—88《空气质量　飘尘中苯并［a］芘的测定　乙酰化滤纸层析荧光分光光度法》。

三、实验原理

B［a］P 易溶于咖啡因水溶液、环己烷、苯等有机溶剂中。将采集在玻璃纤维滤膜上飘尘微粒中的 B［a］P 及一切有机溶剂可溶物用环己烷在水浴上连续加热提取、浓缩，用乙酰化滤纸分离，B［a］P 斑点用丙酮洗脱，最后用荧光分光光度计定量。

四、试剂和材料

1. B［a］P 标准溶液的配制

称取 5.00mg 固体标准 B［a］P 于 50mL 容量瓶中（因 B［a］P 是强致癌物，为了减少污染，以少转移为好），用少量苯溶解后，加环己烷定容至标线。其浓度为 100μg/mL。将此贮备液用环己烷稀释成 10μg/mL。避光贮存于冰箱中。

2. 乙酰化滤纸的制备

把 15cm×34cm 的层析滤纸 15～20 张，松松地卷成圆筒状，逐张放入 1000mL 高型烧杯中，杯壁与靠杯壁第一张纸间插入一根玻璃棒，杯中间放一枚玻璃熔封的电磁搅拌铁芯。在通风橱中，沿杯壁慢慢倒入乙酰化剂（750mL 苯、250mL 乙酸酐和 0.5mL 硫酸混合液），在磁力恒温搅拌器上保持 50～60℃，连续反应 6h。取出乙酰化滤纸，用自来水漂洗 3～4 次，再用蒸馏水漂洗 2～3 次，晾干。次日，用无水乙醇浸泡 4h，取出乙酰化滤纸，晾干、展平，备用。

3. 环己烷：重蒸，用荧光分光光度计检查。在荧光激发波长 367nm，狭缝 10nm 处，荧光发射狭缝 2nm，波长 405nm 无峰。

4. 丙酮：重蒸。

5. 乙醚。

6. 苯：重蒸。
7. 甲醇。
8. 乙酸酐。
9. 硫酸。
10. 无水硫酸钠。
11. 二甲基亚砜（DMSO）：先用环己烷萃取两次，弃去环己烷后备用。

五、实验仪器

1. 采样器及玻璃纤维滤膜，同 GB 6921—86《大气飘尘浓度测定方法》。采样体积不大于 40m³。玻璃纤维滤膜在 350℃ 马弗炉内灼烧 1.5h。
2. 带有紫外激发和荧光分光的荧光分光光度计。
3. 紫外分析仪：带 365nm 或 254nm 滤光片。
4. 磁力恒温搅拌器。
5. 立式离心机：3000r/min。
6. 索氏提取器：60mL。
7. KD 浓缩器。
8. 具塞玻璃刻度离心管：5mL。
9. 层析缸。
10. 玻璃毛细管：自制点样用。
11. 分析天平，精度十万分之一。

六、实验步骤

1. 样品的萃取

将飘尘样品（玻璃纤维滤膜的尘面朝里折叠后）小心放进索氏提取器的渗滤管中（放时不要让滤膜堵塞回流管）。加入 50mL 环己烷，置于温度为（99±1）℃水浴中（水面以达到接收瓶高的 2/3 为宜）连续回流 8h。

根据提取液颜色深浅，取全部或将提取液转移到 50mL 容量瓶定容为 50mL 后，取部分置于 KD 浓缩器中，在 70～75℃ 的水浴中减压浓缩至近干。浓缩管用苯洗三次，每次 3～4 滴。继续浓缩至 0.05mL。以备纸层析用。

2. 纸层分离

在准备好的 15cm×30cm 乙酰化滤纸 30cm 长的下端 3cm 处，用铅笔轻轻地画一横线，两端各留出 1.5cm，以 2.4cm 的间隔将标准 B[a]P 与样品浓缩液用玻璃毛细管交叉点样。点样斑点直径不要超过 3～4mm。点样过程中用冷风吹干。每个浓缩管洗两次，每次用 1 滴苯，全部点在纸上。将点完样的层析滤纸挂在层析缸内架子上，加入展开剂[甲醇：乙醚：蒸馏水＝4：4：1（体积比）]，直到纸下端浸入 1cm 为止。用透明胶纸密封，于暗室中展开 2～16h（可根据工作安排，灵活选择展开时间）。取出层析滤纸，在紫外分析仪下用铅笔圈出标准 B[a]P 斑点以及样品中与其高度（R_f 值）相同的紫蓝色斑点范围。

剪下用铅笔圈出的斑点，剪成小条，分别放入 5mL 离心管中，在 105～110℃烘箱中烘 10min（或在干燥器中晾干，也可在干净空气中晾干），在干燥器内冷却后，加入丙酮至标线。用手振荡 1min 后，以 3000r/min 的速度离心 2min。上层清液留待测量用。

3. 样品测定

将标准 B[a]P 斑点和样品斑点的丙酮洗脱液倒入 1cm 的石英池中，在激发、发射狭缝分别为 10nm 和 2nm，激发波长 367nm 处，测其发射波长 402、405、408nm 处的荧光强度 F。

七、数据处理

用窄基线法按下列公式计算出标准 B[a]P 和样品 B[a]P 的相对荧光强度 F，再按下式计算出气样中 B[a]P 的含量 c（相对比较计算法）

$$F = F_{405} - \frac{F_{402} + F_{408}}{2}$$

$$c = \frac{MF_{样品}}{F_{标准}V} \times R \times 100$$

式中　　　c——大气飘尘中 B[a]P 含量，$\mu g/100m^3$；

M——标准 B[a]P 点样量，μg；

$F_{标准}$，$F_{样品}$——标准 B[a]P 和样品斑点的相对荧光强度；

V——大气飘尘样品体积，m^3；

R——环己烷提取液总体积与浓缩时所取的环己烷提取液的体积之比。

八、注意事项

1. 鉴于 B[a]P 的毒性（强致癌物），实验室的一切操作尽量在白搪瓷盘中进行。操作中要求戴防有机溶剂手套。

2. 操作时若有拨撒污染时，白搪瓷盘可随时用洗液（重铬酸钾-浓硫酸配制）处理。B[a]P 可被强氧化剂氧化。

3. 测量后的 B[a]P 丙酮洗脱液切勿随意丢弃，可放入通风橱中的专用大烧杯中，统一处理。

4. 本实验均应在避免直接阳光照射下进行。

实验八 室内空气质量监测——甲醛的测定

一、实验目的

掌握酚试剂分光光度法测定空气中甲醛的原理和操作方法。

二、相关标准和依据

本方法主要依据 GB/T 18204.2—2014《公共场所卫生检验方法 第 2 部分：化学污染物》。用 5mL 样品溶液时，本法测定范围为 $0.1\sim1.5\mu g$；采样体积为 10L 时，可测浓度范围是 $0.01\sim0.15mg/m^3$，检出下限为 $0.056\mu g$。

三、实验原理

空气中的甲醛与酚试剂反应生成嗪，嗪在酸性溶液中被高铁离子氧化形成蓝绿色化合物。根据颜色深浅，比色定量。

$10\mu g$ 酚、$2\mu g$ 醛以及二氯化氮对本法无干扰。二氧化硫共存时，使测定结果偏低。因此对二氧化硫干扰不可忽视，可将气样先通过硫酸锰滤纸过滤器，予以排除。

四、试剂和材料

1. 吸收液原液，1.0g/L：称量 0.10g 酚试剂 [$C_6H_4SN(CH_3)C：NNH_2 \cdot HCl$，简称 MBTH]，加水至 100mL。放冰箱中保存，可稳定 3d。
2. 吸收液：量取吸收原液 5mL，加 95mL 水，即为吸收液。采样时，临用现配。
3. 硫酸铁铵溶液，10g/L：称量 1.0g 硫酸铁铵 [$NH_4Fe(SO_4)_2 \cdot 12H_2O$]，用 0.1mol/L 盐酸溶解，并稀释至 100mL。
4. 碘溶液，$c(1/2I_2)=0.1000mol/L$：称量 40g 碘化钾，溶于 25mL 水中，加入 12.7g 碘。待碘完全溶解后，用水定容至 1000mL。移入棕色瓶中，暗处贮存。
5. 氢氧化钠溶液，40g/L：称量 40g 氢氧化钠，溶于水中，并稀释至 1000mL。
6. 硫酸溶液，$c(1/2H_2SO_4)=0.5mol/L$：取 28mL 浓硫酸缓慢加入水中，冷却后，稀释至 1000mL。
7. 硫代硫酸钠标准溶液，$c(Na_2S_2O_3)=0.1000mol/L$：可用从试剂商店购买的标准试剂。
8. 淀粉溶液，5g/L：将 0.5g 可溶性淀粉，用少量水调成糊状后，再加入 100mL 沸水，并煮沸 2~3min 至溶液透明。冷却后，加入 0.1g 水杨酸或 0.4g 氯化锌保存。

9. 甲醛标准贮备溶液

取 2.8mL 含量为 36%～38%的甲醛溶液，放入 1L 容量瓶中，加水稀释至刻度。此溶液 1mL 约相当于 1mg 甲醛。其准确浓度用下述碘量法标定。

甲醛标准贮备溶液的标定：精确量取 20.00mL 待标定的甲醛标准贮备溶液，置于 250mL 碘量瓶中。加入 20.00mL $[c(1/2I_2)=0.1000\text{mol/L}]$ 碘溶液和 15mL40g/L 氢氧化钠溶液，放置 15min。加入 20mL 0.5mol/L 硫酸溶液，再放置 15min，用 $[c(Na_2S_2O_3)=0.1000\text{mol/L}]$ 硫代硫酸钠溶液滴定，至溶液呈现淡黄色时，加入 1mL 的 5g/L 淀粉溶液继续滴定至恰使蓝色褪去为止，记录所用硫代硫酸钠溶液体积 V_2（mL）。同时用水作试剂空白滴定，记录空白滴定所用硫代硫酸钠标准溶液的体积 V_1（mL）。甲醛溶液的浓度用下式计算

$$\rho(\text{HCHO})=\frac{(V_1-V_2)c\times 15}{20}$$

式中　$\rho(\text{HCHO})$——甲醛标准贮备溶液质量浓度，mg/mL；

　　　V_1——试剂空白消耗 $[c(Na_2S_2O_3)=0.1000\text{mol/L}]$ 硫代硫酸钠标准溶液的体积，mL；

　　　V_2——甲醛标准贮备溶液消耗 $[c(Na_2S_2O_3)=0.1000\text{mol/L}]$ 硫代硫酸钠溶液的体积，mL；

　　　c——硫代硫酸钠标准溶液的浓度，mol/L；

　　　15——甲醛的相对分子质量，g/mol；

　　　20——所取甲醛标准贮备溶液的体积，mL。

两次平行滴定，误差应小于 0.05mL，否则重新标定。

10. 甲醛标准溶液

临用时，首先将甲醛标准贮备溶液用水稀释成 10μg/mL，然后取该溶液 10.00mL，加入 100mL 容量瓶中，再加入 5mL 吸收原液，用水定容至 100mL，1.00mL 此溶液含 1.00μg 甲醛，放置 30min 后，用于配制标准色列管。此标准溶液可稳定 24h。

五、实验仪器

1. 大型气泡吸收管：出气口内径为 1mm，出气口至管底距离等于或小于 5mm。
2. 恒流采样器：流量范围 0～1L/min。流量稳定可调，恒流误差小于 2%，采样前和采样后应用皂膜流量计校准采样系列流量，误差小于 5%。
3. 具塞比色管：10mL。
4. 分光光度计：在 630nm 测定吸光度。

六、实验步骤

1. 样品的采集

（1）布点

室内面积小于 $50m^2$ 的房间应设 1~3 个采样点，50~$100m^2$ 的设 3~5 个测点，$100m^2$ 以上的至少设置 5 个测点。

室内 1 个测点的设置在中央，2 个采样点的设置在室内对称点上，3 个测点的设置在室内对角线 4 等分的 3 个等分点上，5 个测点按梅花布点，其他的按均匀布点原则布置。

测点距离地面高度 1~1.5m，距离墙壁不小于 0.5m。测点应避开通风口、通风道等。

(2) 采样时间和采样频率

经装修的室内环境，采样应在装修完成 7d 以后进行，一般建议在使用前采样监测。年平均浓度至少连续或间隔采样 3 个月，日平均浓度至少采样 18h，8h 平均浓度至少连续或间隔采样 6h，1h 平均浓度至少连续或间隔采样 45min。

(3) 封闭时间

检测应在对外门窗关闭 12h 后进行。对于采用集中空调的室内环境，空调应正常运转。有特殊要求的可根据现场情况及要求而定。

(4) 采样方法

采样时关闭门窗，一般至少采样 45min。采用瞬时采样法时，一般采样间隔时间为 10~15min，每个点位应至少采集 3 次样品，每次的采样量大致相同，其监测结果的平均值为该点位的小时均值。

(5) 采样

用一个内装 5mL 吸收液的大型气泡吸收管，以 0.5L/min 流量，采气 10L。并记录采样点的温度和大气压力。采样后样品在室温下应在 24h 内分析。采样前应对采样系统气密性进行检查，不得漏气。

2. 校准曲线的绘制

取 10mL 具塞比色管，用甲醛标准溶液按表 4-5 制备标准溶液系列。

表 4-5　甲醛标准溶液系列

管号	0	1	2	3	4	5	6	7	8
标准溶液/mL	0	0.10	0.20	0.40	0.60	0.80	1.00	1.50	2.00
吸收液/mL	5.00	4.90	4.80	4.60	4.40	4.20	4.00	3.50	3.00
甲醛含量/μg	0	0.10	0.20	0.40	0.60	0.80	1.00	1.50	2.00

在各管中，加入 0.4mL 的 10g/L 硫酸铁铵溶液，摇匀，放置 15min。用 1cm 比色皿，在波长 630nm 下，以水参比，测定各管溶液的吸光度。以甲醛含量为横坐标，吸光度为纵坐标，绘制校准曲线，并计算回归斜率，以斜率倒数作为样品测定的计算因子 B_s（μg/吸光度）。

3. 样品测定

采样后，将样品溶液全部转入比色管中，用少量吸收液洗涤吸收管，合并，使总体积为 5mL。按绘制校准曲线的操作步骤测定吸光度（A）；在每批样品测定的同时，用 5mL

未采样的吸收液作试剂空白,测定试剂空白的吸光度(A_0)。

七、数据处理

1. 标况体积的计算

将采样体积按下式换算成参比状态下采样体积

$$V_r = V_t \times \frac{T_r}{273+t} \times \frac{p}{p_r}$$

式中 V_r——参比状态下的采样体积,L;

V_t——采样体积,V_t=采样流量(L/min)×采样时间(min);

t——采样点的气温,℃;

T_r——参比状态下的绝对温度 298.15K;

p——采样点的大气压力,kPa;

p_r——参比状态下的大气压力,1013.25hPa。

2. 甲醛浓度的计算

空气中甲醛浓度按下式计算

$$c = \frac{A - A_0}{V_0} \times B_s$$

式中 c——空气中甲醛浓度,mg/m³;

A——样品溶液的吸光度;

A_0——空白溶液的吸光度;

B_s——计算因子,微克/吸光度;

V_0——换算成标准状态下的采样体积,L。

八、思考题

1. 分析甲醛测定结果和环境温度的关系。
2. 分析如何合理确定甲醛的采样时间。

实验九 室内空气质量监测——苯系物的测定

一、实验目的

掌握活性炭吸附/二硫化碳解吸的富集采样方法和气相色谱法测定苯系物的原理和操作方法。

二、相关标准和依据

本方法主要依据 HJ 584—2010《环境空气 苯系物的测定 活性炭吸附/二硫化碳解吸——气相色谱法》，适用于环境空气和室内空气中苯、甲苯、乙苯、邻二甲苯、间二甲苯、对二甲苯、异丙苯和苯乙烯的测定。本标准也适用于常温下低湿度废气中苯系物的测定。

当采样体积为10L时，苯、甲苯、乙苯、邻二甲苯、间二甲苯、对二甲苯、异丙苯和苯乙烯的方法检出限均为 $1.5 \times 10^{-3} mg/m^3$，测定下限均为 $6.0 \times 10^{-3} mg/m^3$。

三、实验原理

用活性炭采样管富集环境空气和室内空气中苯系物，二硫化碳（CS_2）解吸，使用带有氢火焰离子化检测器（FID）的气相色谱仪测定分析。

本方法的主要干扰来自二硫化碳的杂质。二硫化碳在使用前应经过气相色谱仪鉴定是否存在干扰峰。如有干扰峰，应对二硫化碳提纯。

四、试剂和材料

1. 二硫化碳：分析纯，经色谱鉴定无干扰峰。
2. 标准贮备液：取适量色谱纯的苯、甲苯、乙苯、邻二甲苯、间二甲苯、对二甲苯、异丙苯和苯乙烯配制于一定体积的二硫化碳中。也可使用有证标准溶液。
3. 载气：氮气，纯度99.999%，用净化管净化。
4. 燃烧气：氢气，纯度99.99%。
5. 助燃气：空气，用净化管净化。

五、实验仪器

1. 气相色谱仪：配有FID检测器。
2. 色谱柱

填充柱：材质为硬质玻璃或不锈钢，长2m，内径3～4mm，内填充涂附2.5%邻苯二甲酸二壬酯（DNP）和2.5%有机皂土-34（bentane）的 Chromsorb G·DMCS（80～100目）。

毛细管柱：固定液为聚乙二醇（PEG-20M），30m×0.32mm，膜厚1.00μm 或等效毛细管柱。

3. 采样装置：无油采样泵，能在0～1.5L/min内精确保持流量。
4. 活性炭采样管：采样管内装有两段特制的活性炭，A段100mg，B段50mg。A段为采样段，B段为指示段，详见图4-5。

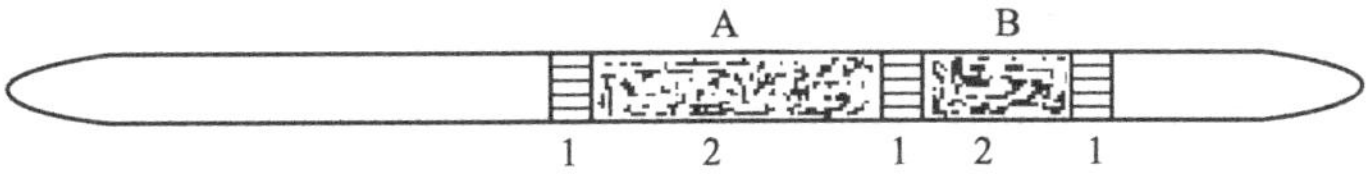

图 4-5　活性炭采样管

1—玻璃棉；2—活性炭；A—100mg 活性炭；B—50mg 活性炭

5. 温度计：精度 0.1℃。
6. 气压计：精度 0.01kPa。
7. 微量进样器：1～5μL，精度 0.1μL。
8. 移液管：1.00mL。
9. 磨口具塞试管：5mL。
10. 一般实验室常用仪器和设备。

六、实验步骤

1. 样品的制备

(1) 样品的采集

① 采样前应对采样器进行流量校准。在采样现场，将一只采样管与空气采样装置相连，调整采样装置流量，此采样管仅作为调节流量用，不用作采样分析。

② 敲开活性炭采样管的两端，与采样器相连（A 段为气体入口），检查采样系统的气密性。以 0.2～0.6L/min 的流量采气 1～2h（废气采样时间 5～10min）。若现场大气中含有较多颗粒物，可在采样管前连接过滤头。同时记录采样器流量、当前温度、气压及采样时间和地点。

③ 采样完毕前，再次记录采样流量，取下采样管，立即用聚四氟乙烯帽密封。

(2) 现场空白样品的采集

将活性炭管运输到采样现场，敲开两端后立即用聚四氟乙烯帽密封，并同已采集样品的活性炭管一同存放并带回实验室分析。每次采集样品，都应至少带一个现场空白样品。

(3) 样品的保存

采集好的样品，立即用聚四氟乙烯帽将活性炭采样管的两端密封，避光密闭保存，室温下 8h 内测定。否则放入密闭容器中，保存于 -20℃冰箱中，保存期限为 1d。

(4) 样品的解吸

将活性炭采样管中 A 段和 B 段取出，分别放入磨口具塞试管中，每个试管中各加入 1.00mL 二硫化碳密闭，轻轻振动，在室温下解吸 1h 后，待测。

2. 样品的测定

(1) 推荐分析条件

1) 填充柱气相色谱法参考条件

载气流速：50mL/min；进样口温度：150℃；检测器温度：150℃；柱温：65℃；氢气流量：40mL/min；空气流量：400mL/min。

2) 毛细管柱气相色谱法参考条件

柱箱温度：65℃保持10min，以5℃/min速率升温到90℃，保持2min；柱流量：2.6mL/min；进样口温度：150℃；检测器温度：250℃；尾吹气流量：30mL/min；氢气流量：40mL/min；空气流量：400mL/min。

（2）校准

1）校准曲线的绘制

分别取适量的标准贮备液，稀释到1.00mL的二硫化碳中，配制质量浓度依次为0.5、1.0、10、20、50μg/mL的校准系列。分别取标准系列溶液1.0μL注射到气相色谱仪进样口。根据各目标组分质量和响应值绘制校准曲线。

2）标准色谱图

① 毛细管柱参考色谱图见图4-6。

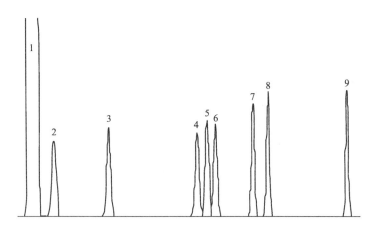

图4-6 毛细管柱色谱图

1—二硫化碳；2—苯；3—甲苯；4—乙苯；5—对二甲苯；6—间二甲苯；
7—异丙苯；8—邻二甲苯；9—苯乙烯

② 填充柱参考色谱图见图4-7。

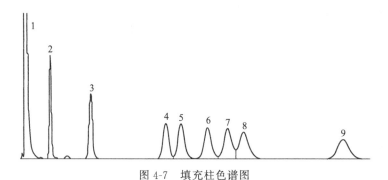

图4-7 填充柱色谱图

1—二硫化碳；2—苯；3—甲苯；4—乙苯；5—对二甲苯；6—间二甲苯；
7—邻二甲苯；8—异丙苯；9—苯乙烯

(3) 测定

取制备好的试样 1.0μL，注射到气相色谱仪中，调整分析条件，目标组分经色谱柱分离后，由 FID 进行检测。记录色谱峰的保留时间和相应值。

① 定性分析：根据保留时间定性。

② 定量分析：根据校准曲线计算目标组分含量。

3. 空白实验

现场空白活性炭管与已采样的样品管同批测定，分析步骤同测定。

七、数据处理

1. 气体中目标化合物浓度的计算

$$\rho = \frac{(W-W_0)V}{V_r}$$

式中　ρ——气体中被测组分质量浓度，mg/m^3；

W——由校准曲线计算的样品解吸液的质量浓度，$\mu g/mL$；

W_0——由校准曲线计算的空白解吸液的质量浓度，$\mu g/mL$；

V——解吸液体积，mL；

V_r——参比状态下（1013.25hPa，298.15K）的采样体积，L。

2. 结果的表示

当测定结果小于 $0.1mg/m^3$ 时，保留到小数点后四位；大于等于 $0.1mg/m^3$ 时，保留三位有效数字。

八、注意事项

1. 当空气中水蒸气或水雾太大，以致在活性炭管中凝结时，影响活性炭管的穿透体积和采样效率，空气湿度应小于 90%。

2. 采样前后的流量相对偏差应在 10% 以内。

3. 活性炭采样管的吸附效率应在 80% 以上，即 B 段活性炭所收集的组分应小于 A 段的 25%，否则应调整流量或采样时间，重新采样。按下式计算活性炭管的吸附效率（%）

$$K = \frac{M_1}{M_1 + M_2} \times 100$$

式中　K——采样吸附效率，%；

M_1——A 段采样量，ng；

M_2——B 段采样量，ng。

4. 每批样品分析时应带一个校准曲线中间浓度校核点，中间浓度校核点测定值与校准曲线相应点浓度的相对误差应不超过 20%。若超出允许范围，应重新配制中间浓度点标准溶液，若还不能满足要求，应重新绘制校准曲线。

5. 二硫化碳的提纯

在 1000mL 抽滤瓶中加入 200mL 欲提纯的二硫化碳，加入 50mL 浓硫酸。将一装有 50mL 浓硝酸的分液漏斗置于抽滤瓶上方，紧密连接。上述抽滤瓶置于加热电磁搅拌器上，打开电磁搅拌器，抽真空升温，使硝化温度控制在 (45±2)℃，剧烈搅拌 5min，搅拌时滴加硝酸到抽滤瓶中。静置 5min，反复进行，共反应 0.5h。然后将溶液全部转移至 500mL 分液漏斗中，静置 0.5h 左右，弃去酸层，水洗，加 10% 碳酸钾溶液中和 pH 至 6~8，再水洗至中性，弃去水相，二硫化碳用无水硫酸钠干燥除水备用。

6. 填充柱的填充方法

称取有机皂土 0.525g 和 DNP 0.378g，置于圆底烧瓶中，加入 60mL 苯，于 90℃ 水浴中回流 3h，再加入 Chromsorb G·DMCS 载体 15g，继续回流 2h 后，将固定相转移至培养皿中，在红外灯下边烘烤边摇动至松散状态，再静置烘烤 2h 后即可装柱。

将色谱柱的尾端（接检测器一端）用石英棉塞住，接真空泵，柱的另一端通过软管接一漏斗，开动真空泵后，使固定相慢慢通过漏斗装入色谱柱内，边装边轻敲色谱柱使填充均匀，填充完毕后，用石英棉塞住色谱柱另一端。

填充好的色谱柱需在 150℃ 下，以 20~30mL/min 的流速通载气，连续老化 24h。

实验十 室内空气质量监测——总挥发性有机物的测定

一、实验目的

掌握热解吸/毛细管气相色谱法测定苯系物的原理和方法。

二、相关标准和依据

本方法主要依据 GB/T 18883—2002《室内空气质量标准》的附录 C，适用于浓度范围为 $0.5\mu g/m^3 \sim 100mg/m^3$ 之间的空气中 VOCs 的测定，适用于室内、环境和工作场所空气，也适用于评价小型或大型测试舱室内材料的释放。

三、实验原理

选择合适的吸附剂（Tenax GC 或 Tenax TA），用吸附管采集一定体积的空气样品，空气流中的挥发性有机化合物保留在吸附管中，采样后将吸附管加热，解吸挥发性有机化合物，待测样品随惰性载气进入毛细管气相色谱仪，用保留时间定性，峰高或峰面积定量。

采样前处理和活化采样管和吸附剂，使干扰减到最小；选择合适的色谱柱和分析条件，本法能将多种挥发性有机物分离，使共存物干扰问题得以解决。

四、试剂和材料

1. VOCs：为了校正浓度，需用 VOCs 作为基准试剂，配成所需浓度的标准溶液或标准气体，然后采用液体外标法或气体外标法将其定量注入吸附管。

2. 稀释溶剂：溶液外标法所用的稀释溶剂应为色谱纯，在色谱流出曲线中应与待测化合物分离。

3. 吸附剂：使用的吸附剂粒径为 0.18~0.25mm（60~80目），吸附剂在装管前都应在其最高使用温度下，用惰性气流加热活化处理过夜。为了防止二次污染，吸附剂应在清洁空气中冷却至室温，储存和装管。解吸温度应低于活化温度。由制造商装好的吸附管使用前也需活化处理。

4. 高纯氮：99.999%。

五、实验仪器

1. 吸附管：是外径 6.3mm、内径 5mm、长 90mm（或 180mm）内壁抛光的不锈钢管，吸附管的采样入口一端有标记。吸附管可以装填一种或多种吸附剂，应使吸附层处于解吸仪的加热区。根据吸附剂的密度，吸附管中可装填 200~1000mg 的吸附剂，管的两端用不锈钢网或玻璃纤维毛堵住。如果在一支吸附管中使用多种吸附剂，吸附剂应按吸附能力增加的顺序排列，并用玻璃纤维毛隔开，吸附能力最弱的装填在吸附管的采样入口端。

2. 注射器：10μL 液体注射器；10μL 气体注射器；1mL 气体注射器。

3. 采样泵：恒流空气个体采样泵，流量范围 0.02~0.5L/min，流量稳定。使用时用皂膜流量计校准采样系统在采样前和采样后的流量，流量误差应小于 5%。

4. 气相色谱仪：配备氢火焰离子化检测器、质谱检测器或其他合适的检测器。

色谱柱：非极性（极性指数小于 10）石英毛细管柱。

5. 热解吸仪：能对吸附管进行二次热解吸，并将解吸气用惰性气体载带进入气相色谱仪。解吸温度、时间和载气流速是可调的。冷阱可将解吸样品进行浓缩。

6. 液体外标法制备标准系列的注射装置：常规气相色谱进样口，可以在线使用也可以独立装配，保留进样口载气连线，进样口下端可与吸附管相连。

六、实验步骤

1. 样品的采集

将吸附管与采样泵用塑料或硅橡胶管连接。个体采样时，采样管垂直安装在呼吸带；固定位置采样时，选择合适的采样位置。打开采样泵，调节流量，以保证在适当的时间内获得所需的采样体积（1～10L）。如果总样品量超过1mg，采样体积应相应减少。记录采样开始和结束时的时间、采样流量、温度和大气压力。采样后将管取下，密封管的两端或将其放入可密封的金属或玻璃管中。样品可保存14d。

2. 样品的解吸和浓缩

将吸附管安装在热解吸仪上，加热，使有机蒸气从吸附剂上解吸下来，并被载气流带入冷阱，进行预浓缩，载气流的方向与采样时的方向相反。然后，再以低流速快速解吸，经传输线进入毛细管气相色谱仪。传输线的温度应足够高，以防止待测成分凝结。解吸条件见表4-6。

表4-6 解吸条件

解吸温度/℃	250～325	冷阱中的吸附剂	如果使用，一般与吸附管相同，40～100mg
解吸时间/min	5～15	载气	氦气或高纯氮气
解吸气流量/(mL/min)	30～50	分流比	样品管和二级冷阱之间以及二级冷阱和分析柱之间的分流比应根据空气中的浓度来选择
冷阱的制冷温度/℃	20～-180		
冷阱的加热温度/℃	250～350		

3. 色谱分析条件

可选择膜厚度为1～5μm 50m×0.22mm 的石英柱，固定相可以是二甲基硅氧烷或7%的氰基丙烷、7%的苯基、86%的甲基硅氧烷；柱操作条件为程序升温，初始温度50℃保持10min，以5℃/min的速率升温至250℃。

4. 校准曲线的绘制

气体外标法：用泵准确抽取100μg/m³的标准气体100mL、200mL、400mL、1L、2L、4L、10L通过吸附管，为标准系列。

液体外标法：利用进样装置分别取1～5μL含液体组分100μg/mL和10μg/mL的标准溶液注入吸附管，同时用100mL/min的惰性气体通过吸附管，5min后取下吸附管密封，为标准系列。

用热解吸气相色谱法分析吸附管标准系列，以扣除空白后峰面积为纵坐标，以待测物质量为横坐标，绘制校准曲线。

5. 样品分析

每支样品吸附管按绘制校准曲线的操作步骤（即相同的解吸和浓缩条件及色谱分析条件）进行分析，用保留时间定性，峰面积定量。

七、数据处理

1. 标准状态下的采样体积的计算

$$V_0 = V \frac{T_0}{T} \times \frac{p}{p_0}$$

式中　V_0——换算成标准状态下的采样体积，L；
　　　V——采样体积，L；
　　　T_0——标准状态的绝对温度，273K；
　　　T——采样时采样点现场的温度（t）与标准状态的绝对温度之和，$t+273$，K；
　　　p_0——标准状态下的大气压力，101.3kPa；
　　　p——采样时采样点的大气压力，kPa。

2. TVOC 的计算

① 应对保留时间在正己烷和正十六烷之间所有化合物进行分析。

② 计算 TVOC，包括色谱图中从正己烷到正十六烷之间的所有化合物。

③ 根据单一的校正曲线，对尽可能多的 VOCs 定量，至少应对十个最高峰进行定量，最后与 TVOC 一起列出这些化合物的名称和浓度。

④ 计算已鉴定和定量的挥发性有机化合物的浓度 S_{id}。

⑤ 用甲苯的响应系数计算未鉴定的挥发性有机化合物的浓度 S_{un}。

⑥ S_{id} 与 S_{un} 之和为 TVOC 的浓度或 TVOC 的值。

⑦ 如果检测到的化合物超出了 TVOC 定义的范围，那么这些信息应该添加到 TVOC 值中。

3. 空气样品中待测组分的浓度的计算

$$c = \frac{F-B}{V_0} \times 1000$$

式中　c——空气样品中待测组分的浓度，$\mu g/m^3$；
　　　F——样品管中组分的质量，μg；
　　　B——空白管中组分的质量，μg；
　　　V_0——标准状态下的采样体积，L。

实验十一　土壤中有机氯农药残留量的测定

一、实验目的

1. 了解从土壤中提取有机氯农药的方法。

2. 掌握气相色谱法测定有机氯农药的原理和操作技术。

二、实验原理

土壤中有机氯农药（OCPs）采用（1+1）丙酮/二氯甲烷在索氏提取器提取，用硅酸镁柱净化，浓缩后用带电子捕获检测器的气相色谱仪进行测定，根据保留时间进行定性，根据峰高（或峰面积）利用外标法进行定量分析。

三、试剂和材料

1. 无水硫酸钠（Na_2SO_4）：使用前在马弗炉中于450℃烘烤2h，冷却后，贮于磨口玻璃瓶中密封保存。

2. 铜粉：用（1+1）稀硝酸浸泡去除表面氧化物，然后用水清洗干净，再用丙酮清洗，氮气吹干待用。临用前处理，保持铜粉表面光亮。

3. 硅酸镁吸附剂：农残级，100～200目。取适量放在玻璃器皿中，用铝箔盖住，然后在130℃下活化过夜（12h左右），置于干燥器中备用。临用前处理。

4. 玻璃层析柱：内径20mm左右，长10～20cm，带聚四氯乙烯阀门，下端具筛板。

5. 硫酸镁层析柱：先将用有机溶剂浸提干净的脱脂棉填入玻璃层析柱底部，然后加入10～20g硅酸镁吸附剂。轻敲柱子，再添加厚1～2cm的无水硫酸钠。用60mL正己烷淋洗，避免填料中存在明显的空气。当溶剂通过柱子开始流出后关闭柱阀，浸泡填料至少10min，然后打开柱阀继续加入正己烷，至全部流出，剩余溶剂刚好淹没硫酸钠层，关闭柱阀待用。如果填料干枯，需要重新处理。临用时装填。

6. 二氯甲烷（CH_2Cl_2）：色谱纯。

7. 正己烷（C_6H_{14}）：色谱纯。

8. 乙醚（C_2H_6O）：色谱纯。

9. 丙酮（C_3H_6O）：色谱纯。

10. 有机氯农药标准贮备液，$\rho=1000\sim5000mg/L$：以正己烷为溶剂，使用纯品配制，或直接购买市售有证标准溶液。

11. 有机氯农药标准中间使用液，$\rho=200\sim500mg/L$：用正己烷对有机氯农药标准贮备液进行适当稀释。

12. 硫酸钠溶液，$\rho=150g/L$。

四、实验仪器

1. 气相色谱仪：配电子捕获检测器，具分流/不分流进样口，可程序升温。

2. 色谱柱：石英毛细管色谱柱，30m×0.25mm×0.25μm，固定相为5%苯基-95%甲基聚硅氧烷，或使用其他等效性毛细管柱。

3. 浓缩装置：旋转蒸发装置或 K-D 浓缩器、浓缩仪，或同等性能的设备。

4. 索氏脂肪提取器：100mL。

5. 微量注射器：1μL。

6. 分液漏斗。

五、实验步骤

1. 样品的采集、保存和提取

采集有代表性的土壤样品，保存在磨口棕色玻璃瓶中。应尽快运回实验室进行分析，如暂不能分析，应在 4℃ 以下冷藏保存，保存时间为 10d。

称取过 60 目金属筛、有代表性的土样 20g（另称 20g 土样测含水量）置于烧杯中，加水 2mL、硅藻土 4g，充分拌匀后用滤纸包好，移入 100mL 索氏提取器中；将 50mL 正己烷和 50mL 丙酮混合后倒入提取器，使滤纸刚好浸泡完全，剩余的混合液倒入底瓶中。将试样浸泡 12h 后，在 70℃ 水浴中提取 4h。待冷却后将提取液移入 250mL 分液漏斗，用 20mL 正己烷分三次冲洗提取器底瓶，将洗涤液并入分液漏斗中。向分液漏斗加入 150g/L 硫酸钠溶液 150mL，充分振荡，静置分层后，弃去下层丙酮溶液，上层正己烷提取液供纯化用。

2. 样品的纯化和浓缩

将正己烷提取液移至硅酸镁层析柱内，使用 200mL（1+1）二氯甲烷/正己烷混合液淋洗层析柱，收集全部洗脱液。将洗脱液转入合适体积的旋转瓶中，浓缩至 2mL，转出的提取液需要再用小流量氮气浓缩至 1mL。

3. 气相色谱条件

进样口温度：250℃；检测器温度 300℃；采用不分流进样方式，进样量 1μL；进样 0.75min 后吹扫；柱流量 1.5mL/min。

柱箱温度：100℃ 保持 2min，以 10℃/min 速率升温到 150℃，再以 6℃/min 速率升温到 190℃；然后以 15℃/min 速率升温到 270℃，保温 15min。

4. 校准曲线的绘制

量取适量的有机氯农药标准中间使用液，加入到 5mL 容量瓶中配制 6 个不同浓度的标准系列，例如 0.5、1.0、5.0、10.0、20.0、50.0μg/mL。

5. 样品的测定

取制备好的试样 1.0μL，注射到气相色谱仪中，采用与绘制校准曲线相同的仪器条件。记录色谱峰的保留时间和相应量。根据保留时间进行定性分析，对其峰面积用外标法进行定量计算。

6. 空白实验

用 20g 石英砂替代土壤样品，按照与试样的预处理、测定相同步骤进行测定。

六、数据处理

土壤样品中的某种农药物含量 w（μg/kg），按照下式进行计算

$$w = \frac{A_{样} \rho_{标} V_{样}}{A_{标} m_{样} (1-w_B)} \times 1000$$

式中 w——样品中的某种农药的含量，μg/kg；

$A_{样}$——测试液试样中某种农药的峰面积；

$A_{标}$——标准使用液中某种农药的峰面积；

$V_{样}$——浓缩定容体积，mL；

$m_{样}$——试样量，g；

w_B——样品含水率，%。

七、注意事项

1. 样品预处理使用的有机溶剂具有毒性、易挥发性，预处理操作需要注意通风。

2. 有机氯农药中属于较易挥发的那部分化合物（如六六六）浓缩时会有损失，特别是氮吹时应注意空气氮气流量，不要有明显涡流。采用其他浓缩方式时，应控制好加热的温度或真空度。

3. 邻苯二甲酸酯类是有机氯农药检测的重要干扰物，样品制备过程会引入邻苯二甲酸酯类的干扰。避免接触任何塑料材料，并且检查所有溶剂空白，保证这类污染物在检出限以下。

实验十二　土壤中总铬的测定

一、实验目的

1. 掌握原子吸收分光光度计的使用方法。
2. 掌握土壤样品的预处理和总铬的测定方法。

二、相关标准和依据

本方法主要依据 HJ 491—2009《土壤 总铬的测定 火焰原子吸收分光光度法》，适用于土壤中总铬的测定。

称取 0.5g 试样消解定容至 50mL 时，本方法的检出限为 5mg/kg，测定下限为

20.0mg/kg。

三、实验原理

采用盐酸-硝酸-氢氟酸-高氯酸全分解的方法，破坏土壤的矿物晶格，使试样中的待测元素全部进入试液，并且，在消解过程中，所有铬都被氧化成 $Cr_2O_7^{2-}$。然后，将消解液喷入富燃性空气-乙炔火焰中。在火焰的高温下，形成铬基态原子，并对铬空心阴极灯发射的特征谱线 357.9nm 产生选择性吸收。在选择的最佳测定条件下，测定铬的吸光度。

铬易形成耐高温的氧化物，其原子化效率受火焰状态和燃烧器高度的影响较大，需使用富燃性（还原性）火焰。加入氯化铵可以抑制铁、钴、镍、钒、铝、镁、铅等共存离子的干扰。

四、试剂和材料

本方法所用试剂除非另有说明，分析时均使用符合国家标准的分析纯化学试剂，实验用水为新制备的去离子水或蒸馏水。实验所用的玻璃器皿需先用洗涤剂洗净，再用（1+1）硝酸溶液浸泡 24h（不得使用重铬酸钾洗液），使用前再依次用自来水、去离子水洗净。

1. 盐酸（HCl），$\rho=1.19$g/mL：优级纯。
2. 盐酸溶液（1+1）：用盐酸（$\rho=1.19$g/mL）配制。
3. 硝酸（HNO_3），$\rho=1.42$g/mL：优级纯。
4. 氢氟酸（HF），$\rho=1.49$g/mL。
5. 10%氯化铵水溶液：准确称取 10g 氯化铵（NH_4Cl），用少量水溶解后全量转移入 100mL 容量瓶中，用水定容至标线，摇匀。
6. 铬标准贮备液，$\rho=1.000$mg/mL：准确称取 0.2829g 基准重铬酸钾（$K_2Cr_2O_7$），用少量水溶解后全量转移入 100mL 容量瓶中，用水定容至标线，摇匀，冰箱中 2～8℃保存，可稳定 6 个月。
7. 铬标准使用液，$\rho=50$mg/L：移取铬标准贮备液 5.00mL 于 100mL 容量瓶中，加水定容至标线，摇匀，临用时现配。
8. 高氯酸（$HClO_4$），$\rho=1.68$g/mL：优级纯。

五、实验仪器

1. 仪器设备

原子吸收分光光度计，带铬空心阴极灯，微波消解仪，玛瑙研磨机等。

2. 仪器参数

不同型号仪器的最佳测定条件不同，可根据仪器使用说明书自行选择。通常本标准采用表 4-7 中的测量条件，微波消解仪采用表 4-8 中的升温程序。

表 4-7　仪器测量条件

元素	测定波长/nm	通带宽度/nm	火焰性质	次灵敏线/nm	燃烧器高度/mm
Cr	357.9	0.7	还原性	359.0,360.5,425.4	8(使空心阴极灯光斑通过火焰蓝亮色部分)

表 4-8　微波消解仪升温程序

升温时间/min	5.0	3.0	4.0	6.0
消解温度/℃	120	150	180	210
保持时间/min	1.0	5.0	10.0	30.0

六、实验步骤

1. 样品的采集与保存

将采集的土壤样品（一般不少于500g）混匀后用四分法缩分至约100g。缩分后的土样经风干（自然风干或冷冻干燥）后，除去土样中石子和动植物残体等异物，用木棒（或玛瑙棒）研压，通过2mm尼龙筛（除去2mm以上的沙砾），混匀。用玛瑙研钵将通过2mm尼龙筛的土样研磨至全部通过100目（孔径0.149mm）尼龙筛，混匀后备用。

2. 试样的制备

（1）全消解方法

准确称取0.2~0.5g（精确至0.0002g）试样于50mL聚四氟乙烯坩埚中，用水润湿后加入10mL盐酸，于通风橱内的电热板上低温加热，使样品初步分解，待蒸发至约剩3mL左右时，取下稍冷，然后加入5mL硝酸、5mL氢氟酸、3mL高氯酸，加盖后于电热板上中温加热1h左右，然后开盖，电热板温度控制在150℃，继续加热除硅，为了达到良好的飞硅效果，应经常摇动坩埚。当加热至冒浓厚高氯酸白烟时，加盖，使黑色有机碳化物分解。待坩埚壁上的黑色有机物消失后，开盖，驱赶白烟并蒸至内容物呈黏稠状。视消解情况，可再补加3mL硝酸、3mL氢氟酸、1mL高氯酸，重复以上消解过程。取下坩埚稍冷，加入3mL（1+1）盐酸溶液，温热溶解可溶性残渣，全量转移至50mL容量瓶中，加入5mL的10%氯化铵水溶液，冷却后用水定容至标线，摇匀。

（2）微波消解法

准确称取0.2g（精确至0.0002g）试样于微波消解罐中，用少量水润湿后加入6mL硝酸、2mL氢氟酸，按照一定升温程序进行消解，冷却后将溶液转移至50mL聚四氟乙烯坩埚中，加入2mL高氯酸，电热板温度控制在150℃，驱赶白烟并蒸发至内容物呈黏稠状。取下坩埚稍冷，加入（1+1）盐酸溶液3mL，温热溶解可溶性残渣，全量转移至50mL容量瓶中，加入5mL的10% NH_4Cl 溶液，冷却后定容至标线，摇匀。

由于土壤种类较多，所含有机质差异较大，在消解时，应注意观察，各种酸的用量可视消解情况酌情增减；电热板温度不宜太高，否则会使聚四氟乙烯坩埚变形；样品消解时，在蒸至近干过程中需特别小心，防止蒸干，否则待测元素会有损失。

3. 校准曲线

准确移取 50mg/L 的铬标准使用液 0.00、0.50、1.00、2.00、3.00、4.00mL 于 50mL 容量瓶中，然后，分别加入 5mL NH_4Cl 溶液（10%），3mL 的（1+1）盐酸溶液，用水定容至标线，摇匀，其铬的质量浓度分别为 0.50、1.00、2.00、3.00、4.00mg/L。此质量浓度范围应包括试液中铬的质量浓度。按仪器测量条件由低到高质量浓度顺序测定标准溶液的吸光度。

用减去空白的吸光度与相对应的铬的质量浓度（mg/L）绘制校准曲线。

4. 空白实验

用去离子水代替试样，采用和试液制备相同的步骤和试剂，制备全程序空白溶液，并按与校准曲线相同条件进行测定。每批样品至少制备 2 个以上的空白溶液。

5. 样品的测定

取适量试液，并按与校准曲线相同条件测定试液的吸光度。由吸光度值在校准曲线上查得铬质量浓度。每测定约 10 个样品要进行一次仪器零点校正，并吸入 1.00mg/L 的标准溶液检查灵敏度是否发生了变化。

七、数据处理

土壤样品中铬的含量 w（mg/kg）按下式计算

$$w=\frac{\rho V}{m(1-f)}$$

式中　ρ——试液的吸光度减去空白溶液的吸光度，然后在校准曲线上查得铬的质量浓度，mg/L；
　　　V——试液定容的体积，mL；
　　　m——称取试样的质量，g；
　　　f——试样中水分的含量，%。

实验十三　工业废渣渗滤模型实验

一、实验目的

掌握工业废渣渗滤液的渗滤特性和研究方法。

二、实验原理

实验采用模拟的手段，在玻璃管内填装经粉碎的工业废渣，以一定的流量滴加蒸馏水,测定渗滤液中有害物质的含量,推断工业废渣在堆放时的渗滤情况和危害程度。

三、试剂和材料

1. 硝酸（HNO_3）,$\rho=1.42g/mL$;优级纯;
2. 硝酸溶液（1+499）:用 $\rho=1.42g/mL$ 硝酸配制。
3. 高氯酸（$HClO_4$）,$\rho=1.68g/mL$;优级纯。
4. 镉标准贮备液,$\rho=1.000g/L$:准确称取 1.000g 光谱纯金属镉,用浓硝酸溶解,必要时加热,直至溶解完全,然后用去离子水稀释定容至 1000mL。
5. 镉标准使用液:用（1+499）硝酸溶液将镉标准贮备液稀释成 10mg/L 的镉标准使用液。

四、实验仪器

1. 色层柱:1 支（ϕ40mm×300mm）。
2. 带旋塞试剂瓶:1000mL 一只。
3. 锥形瓶:500mL 一只。
4. 工业固体废弃物渗滤实验装置见图 4-8。
5. pH 计。
6. 原子吸收分光光度计及相应的辅助设备。

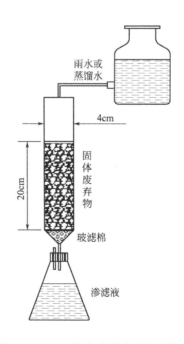

图 4-8　工业固体废弃物渗滤实验装置

五、实验步骤

1. 样品制备

将去除草木、砖石等异物的含镉工业废渣置于阴凉通风处，使之风干，压碎后，用四分法缩分，然后通过 0.5mm 孔径的筛，制备样品。

2. 渗滤实验

取制备的样品 1000g 装入色层柱，约高 200mm。带旋塞试剂瓶中装蒸馏水，以 4.5mL/min 的流量通过色层柱流入锥形瓶，待渗滤液收集至 400mL 时，关闭旋塞，摇匀渗滤液，待测。

3. 测定

(1) pH 值的测定

取 50mL 渗滤液，用 pH 计测定 pH 值。

(2) 镉含量的测定

取 100.0mL 渗滤液，加入 5mL 纯硝酸，在电热板上加热消解，确保样品不沸腾，蒸至 10mL 左右，加入 5mL 硝酸和 2mL 高氯酸，继续消解，蒸至 1mL 左右。如果消解不完全，再加入 5mL 硝酸和 2mL 高氯酸，再蒸至 1mL 左右。取下冷却，加水溶解残渣，用水定容至 100mL。如有沉淀，用 0.45μm 微孔滤膜过滤。样品处理后，进入原子吸收分光光度计测定浓度。同时做空白值和校准曲线。

六、数据处理

根据经空白校正的样品测量值，从校准曲线上查得镉浓度，计算 100mL 样品中的镉质量浓度，再求得渗滤液中镉的浓度，计算公式见下式

$$w = \frac{\rho V}{V_{水样}}$$

式中 ρ——试液的吸光度减去空白溶液的吸光度，然后在校准曲线上查得镉的质量浓度，mg/L；

V——试液定容的体积，mL；

$V_{水样}$——消解时取的渗滤液体积，mL。

实验十四　头发中汞含量的测定

一、实验目的

1. 掌握冷原子吸收测汞仪的使用方法。

2. 掌握汞测定的原理和方法。

二、实验原理

汞原子蒸气对波长 253.7nm 的紫外光具有选择性的吸收作用，在一定范围内，吸收值与汞蒸气浓度呈正比。在酸性条件下，用高锰酸钾将发样消解，使样品中的汞全部转化为二价汞。用盐酸羟胺将过剩的氧化剂还原，再用氯化亚锡将二价汞还原为金属汞。在室温下通入氮气，将金属汞气化，载入冷原子吸收测汞仪，测量吸收值，求得样品中的汞含量。

三、试剂和材料

1. 浓硫酸：优级纯。

2. 5％$KMnO_4$：称取 50g 优级纯的 $KMnO_4$，溶解后转移至 1000mL 容量瓶中，定容至刻度线。

3. 10％盐酸羟胺溶液：称 10g 盐酸羟胺（$NH_2OH·HCl$）溶于蒸馏水中稀释至 100mL，以 2.5L/min 的流量通氮气或干净空气 30min，以驱除微量汞。

4. 10％氯化亚锡溶液：称 10g 氯化亚锡（$SnCl_2·2H_2O$）溶于 10mL 浓硫酸中，加蒸馏水至 100mL。同上法通氮或干净空气驱除微量汞，加几粒金属锡，密塞保存。

5. 汞标准贮备液：称取 0.1354g 氯化汞，溶于含有 0.05％重铬酸钾的（5+95）硝酸溶液中，转移到 1000mL 容量瓶中，稀释至标线，此溶液每毫升含 100.0μg 汞。

6. 汞标准液：临用时将汞标准贮备液用含有 0.05％重铬酸钾的（5+95）硝酸稀释至每毫升含 0.05μg 汞的标准液。

四、实验仪器

1. 冷原子吸收光度仪。

2. 汞还原器，溶剂分别为 50、100、250、500mL，具磨口、带莲蓬形多孔吹气头的翻泡瓶。

3. 25mL 容量瓶。

4. 50mL 烧杯（配表面皿）和 1mL、5mL 移液管。

5. 100mL 锥形瓶。

五、实验步骤

1. 发样预处理

将发样用 50℃ 中性洗涤剂水溶液洗 15min，然后用乙醚浸洗 5min。上述过程目的是去除油脂污染物。将洗净的发样在空气中晾干，用不锈钢剪剪成 3mm 长，保存备用。

2. 发样消解

准确称取 30~50mg 洗净的干燥发样于 50mL 烧杯中,加入 5% $KMnO_4$ 溶液 8mL,小心加浓硫酸 5mL,盖上表面皿。小心加热至发样完全消解,如消解过程中紫红色消失应立即滴加 $KMnO_4$ 溶液。冷却后,滴加盐酸羟胺至紫红色刚消失,以除去过量的 $KMnO_4$,所得溶液不应有黑色残留物。稍静置(除氯气),转移到 25mL 容量瓶中,稀释至标线,立即测定。

3. 校准曲线的绘制

在 7 个 100mL 锥形瓶中分别加入汞标准液 0、0.50、1.00、2.00、3.00、4.00、5.00mL(即 0、0.025、0.05、0.10、0.15、0.20、0.25μg 汞),各加蒸馏水至 50mL,再加 2mL H_2SO_4 和 2mL 5% $KMnO_4$ 煮沸 10min(加玻璃珠防暴沸),冷却后滴加盐酸羟胺溶液至紫红色消失,转移到 25mL 容量瓶中,稀释至标线并立即测定。

4. 测定

按说明书调好测汞仪,将标准液和样品液分别倒入 25mL 翻泡瓶,加 2mL 10% 氯化亚锡溶液,迅速塞紧瓶塞,开动仪器,待指针达最高点,记录吸光度,其测定次序应按浓度从小到大进行。以标准溶液系列作吸光度-微克数的校准曲线。

六、数据处理

根据经空白校正的样品测量值,从校准曲线上查得汞质量,再除以头发质量,得到头发中汞含量,计算公式见下式

$$w_{Hg}(\mu g/g) = \frac{查校准曲线所得汞质量(\mu g)}{发样质量(g)}$$

按统计规律求出不同发样中汞平均含量、最高含量、最低含量。

七、注意事项

1. 各种型号测汞仪操作方法、特点不同,使用前应详细阅读仪器说明书。
2. 由于方法灵敏度很高,因此实验室环境和试剂纯度要求很高,应予以注意。
3. 消解是本实验的重要步骤,也是容易出错的步骤,必须仔细操作。

实验十五 茶叶中铜含量的测定

一、实验目的

1. 了解原子吸收分光光度法的原理和使用方法。

2. 掌握植物样品茶叶的消解方法。

二、实验原理

将样品溶液通过原子化系统喷成细雾，随载气进入火焰，并在火焰中解离成基态原子。当空心阴极灯辐射出待测元素的特征光通过火焰时，因被火焰中待测元素的基态原子吸收而减弱。在实验条件下，特征光强的变化与火焰中铜元素基态原子的浓度呈定量关系。即原子蒸气中基态原子的数目十分接近原子总数，在一定实验条件下，铜元素的原子总数与该元素在试样中的浓度成正比

$$A=kc$$

用 A-c 校准曲线法，可以求算出铜元素的含量。本实验采用湿法消解预处理茶叶中的有机质。

三、试剂和材料

1. 硝酸：优级纯。
2. 高氯酸：优级纯。
3. 燃气：乙炔，纯度不低于99.6%。
4. 铜标准贮备液：准确称取0.0100g金属铜（99.8%），溶于15mL的1∶1硝酸中，移入100mL容量瓶中，用去离子水稀释至标线，此溶液含铜量为100mg/L。
5. 铜标准使用液：准确移取10.00mL铜标准贮备液于100mL容量瓶中，用蒸馏水定容至100mL，此溶液含铜量为10mg/L。

四、实验仪器

1. 原子吸收分光光度计。
2. 铜空心阴极灯。

五、实验步骤

1. 校准曲线的绘制

取6个25mL容量瓶，分别加入5滴1∶1盐酸，依次加入0.00、1.00、2.00、3.00、4.00、5.00mL浓度为10mg/L的铜标准贮备液，用去离子水稀释至标线，摇匀，配成含0.00、0.40、0.80、1.20、1.60、2.00mg/L铜标准系列，然后分别在324.7nm处测定吸光度，绘制校准曲线。

2. 样品的测定

（1）茶叶样品的消解

准确称取 1.000g 已处理好的茶叶试样于 100mL 烧杯中（3 份），用少许去离子水润湿，加入混合酸 10mL（硝酸：高氯酸＝5：1）。同时做一份试剂空白，待激烈反应结束后，移到由变压器控制的电炉上，微热至反应物颜色变浅，用少量去离子水冲洗烧杯内壁，盖上表面皿，逐步提高温度，在消化过程中，如有炭化现象可再加入少许混合酸继续消化，直至试样变白，揭去表面皿，加热近干，取下冷却，加入少量去离子水，加热，冷却后用中速定量滤纸过滤到 25mL 容量瓶中，再用去离子水稀释至标线，摇匀待测。

（2）测定

将消化液在标准系列相同的条件下，直接喷入空气-乙炔火焰中，测定吸光度值。

六、数据处理

所测得的吸光度值（如试剂空白有吸收，则应扣除空白吸光度值）在校准曲线上得到相应的浓度 M（mg/mL），则试样中

$$铜含量(mg/kg)=MV\times 1000/m$$

式中　　M——校准曲线上得到的相应浓度，mg/mL；

V——定容体积，mL；

m——试样质量，g。

七、注意事项

1. 细心控制温度，避免升温过快反应物溢出或炭化。

2. 茶叶消化物若不呈灰白色，应补加少量高氯酸，继续消化。由于高氯酸对空白影响大，要控制用量。

3. 高氯酸具有氧化性，应待茶叶中大部分有机质消解完，冷却后再加入，或者在常温下，有大量硝酸存在下加入，否则会使杯中样品溅出或爆炸，使用时务必小心。

4. 若高氯酸氧化作用进行得过快，有爆炸可能时，应迅速冷却或用冷水稀释，即可停止高氯酸氧化作用。

实验十六　金鱼毒性实验

一、实验目的

掌握金鱼毒性实验的测定方法和安全浓度的计算。

二、实验原理

鱼类对水环境的变化反应十分灵敏,当水体中的污染物达到一定浓度或强度时,就会引起系列中毒反应。通过进行鱼类毒性实验,寻找某种毒物或工业废水对鱼类的半数致死浓度和安全浓度,能为制定水质标准和废水排放标准提供科学依据。也能测试水体的污染浓度和检查废水处理效果。金鱼对某些毒物较为敏感,室内饲养方便,鱼苗易得,因此,为国内外所采用。

三、试剂和材料

1. 实验用金鱼:无病、行动活泼、鱼鳍完整舒展、食欲和逆水性强、体长约 3cm 的同龄和同种金鱼;选出的鱼必须先在与实验条件相似的温度和水质中驯养 7 天以上,实验前 1 天停止喂食。如果在实验前 4 天内死亡或发病的鱼高于 10%,则不能使用。

2. 实验用水:自来水充分曝气,水的硬度为 10~250mg/L(以 $CaCO_3$ 计),pH 为 6.0~8.5,或用未受污染的河水或湖水,但不宜使用蒸馏水。

3. 次氯酸钠试剂。

4. 敌敌畏。

四、实验仪器

1. 8 个 30cm×20cm×20cm 容积约为 10L 的玻璃鱼缸。

2. 溶解氧仪。

3. pH 计。

4. 台秤。

5. 温度计。

6. 曝气装置。

7. 贮水桶等其他实验仪器及辅助工具。

五、实验步骤

1. 实验用金鱼的驯养

将选择好的实验用鱼在实验室内暂养 12d。临实验前,再在与实验条件相似的环境下驯养至少 7 天,每天换水 1 次,水中 DO 在 5mg/L 以上,每天喂食或每周喂食 3 次,实验前 1 天停止喂食。驯养开始 48h 后记录死亡率,7 天内死亡率小于 5% 可用于实验;死亡率在 5%~10%,继续驯养 7d,死亡率超过 10%,该组鱼全部不能使用。

金鱼体长的测量方法是：将金鱼放平至实验台上，用尺量取金鱼头部到尾部之间的距离，尾部的长度不计算在体长内。

2. 实验条件的选择

实验溶液的温度要适宜，一般为 12～28℃。实验溶液中不能含大量耗氧物质，要保证有足够的溶解氧，一般为 4～5mg/L。实验溶液的pH值通常控制在 6.7～8.5 之间。

3. 预备实验

为保证正式实验的顺利进行，必须先进行探索性实验以确定实验溶液的浓度范围。先配制几组不同浓度的溶液作预备实验，溶液的浓度范围可以适当大些。每组溶液放五尾鱼，观察其中毒反应及死亡情况。找出不发生死亡、全部死亡和部分死亡的溶液浓度。判断金鱼死亡的方法是，用镊子夹起呈死亡迹象金鱼的尾巴，金鱼三分钟内无挣扎，说明该金鱼已经死亡。

4. 正式实验

（1）实验溶液浓度设计与配制

根据预备实验确定的浓度范围，按等对数间距，选取七个实验浓度，配制成溶液。例如，10.0、5.6、3.2、1.8、1.0（对数间距 0.25）或 10.0、7.9、6.3、5.0、4.0、3.6、2.5、2.0、1.6、1.26、1.0（对数间距 0.1），其单位可用体积分数或质量浓度（mg/L）表示。

另设一对照组，作为试剂空白。

（2）实验

将配制好的实验溶液调节至所需温度，将驯养好的实验用鱼分别放入盛不同浓度实验溶液和对照水的容器中（每个容器中放入 10 尾鱼，每升水中鱼质量不超过 2g），所有实验用鱼在 30min 内分组完毕，并记录时间。前 8h 要连续观察和记录实验情况，如果正常，继续观察，记录 24h、48h 和 96h 鱼的中毒症状（鱼体的侧翻、失去平衡、游动和呼吸能力减弱、色素沉淀等）和死亡率情况，供判断毒物或废水的毒性。对照组在实验期间鱼死亡率超过 10%，则整个实验结果不能采用。

实验开始和结束时要测定pH、溶解氧和温度，实验期间每天至少测定一次。

六、数据处理

1. 计算

根据记录结果，以毒物浓度为横坐标，死亡率为纵坐标，在半对数坐标纸上（对数坐标表示毒物浓度，算术坐标表示死亡率）绘制死亡率对浓度的曲线，用直线内插法计算出 24、48、72、96h 的半数致死浓度（LC_{50}），并计算置信度为 95% 的置信区间。

2. 毒性判定

半数致死量（LD_{50}）或半数致死浓度（LC_{50}）是评价毒物毒性的主要指标之一。鱼类急性毒性的分级标准如表 4-9 所示。

表 4-9　鱼类急性毒性分级标准

96h LC$_{50}$/(mg/L)	<1	1~10	10~100	>100
急性毒性分级	极高毒	高毒	中毒	低毒

$$安全浓度 = \frac{48h\ LC_{50} \times 0.3}{(24h\ LC_{50}/48h\ LC_{50})^2}$$

式中　48h LC$_{50}$——48h 的半数致死浓度；

　　　24h LC$_{50}$——24h 的半数致死浓度。

实验十七　苹果中有机磷农药残留量的测定

一、实验目的

1. 掌握从苹果中提取有机磷农药的方法。
2. 掌握气相色谱法测定有机磷农药的原理和操作技术。

二、相关标准和依据

本方法主要依据 SN/T 0148—2011《进出口水果蔬菜中有机磷农药残留量检测方法 气相色谱和气相色谱-质谱法》。

三、实验原理

苹果中有机磷农药残留经乙腈提取，过 Envi-Carb/PSA 小柱净化，浓缩、定容后，用气相色谱法（GC-FPD）测定，外标法定量。

四、试剂和材料

1. 乙腈：液相色谱纯。
2. 丙酮：液相色谱纯。
3. 甲苯：液相色谱纯。
4. 乙酸乙酯：液相色谱纯。
5. 丙酮-甲苯（65+35）：量取 65mL 丙酮和 35mL 甲苯，混匀。
6. 无水硫酸镁：550℃灼烧 4h，在干燥器内冷却至室温，贮于密封瓶中备用。

7. 氯化钠：140℃烘烤 4h，在干燥器内冷却至室温，贮于密封瓶中备用。

8. Envi-Carb/PSA 复合小柱：500mg/500mg/6mL（本标准中是使用 Sigma-Aldrich/Supelco 公司产品完成的），或相当者。

9. 17 种有机磷农药标准物质：纯度均≥95%，详细见表 4-10。

表 4-10 17 种有机磷农药种类表

序号	中文名称	英文名称	分子式	相对分子质量	CAS 号	纯度≥
1	敌敌畏	dichlorvos	$C_4H_7Cl_2O_4P$	220.98	62-73-7	97.0%
2	乙酰甲胺磷	acephate	$C_4H_{10}NO_3PS$	183.17	30560-19-1	97.5%
3	硫线磷	cadusafos	$C_{10}H_{23}O_2PS_2$	270.39	95465-99-9	99.0%
4	百治磷	dicrotophos	$C_8H_{16}NO_5P$	237.22	141-66-2	97.5%
5	乙拌磷	disulfoton	$C_8H_{19}O_2PS_3$	274.4	298-04-4	95.3%
6	乐果	dimethoate	$C_5H_{12}NO_3PS_2$	229.28	60-51-5	98.0%
7	甲基对硫磷	parathion-methyl	$C_8H_{10}NO_5PS$	263.21	298-00-0	98.5%
8	毒死蜱	chloropyriphos	$C_9H_{11}C_{13}NO_3PS$	350.59	2921-88-2	99.5%
9	嘧啶磷	pirimiphos-ethyl	$C_{13}H_{24}N_3O_3PS$	333.39	23505-41-1	98.5%
10	倍硫磷	fenthion	$C_{10}H_{15}O_3PS_2$	278.33	55-38-9	97.0%
11	丙虫硫磷	propaphos	$C_{11}H_{15}Cl_2O_2PS_2$	345.25	34643-46-4	93.5%
12	辛硫磷	phoxim	$C_{12}H_{15}N_2O_3PS$	298.3	14816-18-3	98.5%
13	灭菌磷	ditalimfos	$C_{12}H_{14}NO_4PS$	299.28	5131-24-8	99.5%
14	三硫磷	carbofenothion	$C_{11}H_{16}ClO_2PS_3$	342.87	786-19-6	95.0%
15	三唑磷	triazophos	$C_{12}H_{16}N_3O_3PS$	313.31	24017-47-8	81.0%
16	哒嗪硫磷	pyridaphenthion	$C_{14}H_{17}N_2O_4PS$	340.33	119-12-0	98.0%
17	亚胺硫磷	phosmet	$C_{11}H_{12}NO_4PS_2$	317.32	732-11-6	98.5%

10. 标准溶液

（1）标准贮备溶液

分别准确称取 10.0mg（按其纯度折算为 100%）的农药各标准物质于小烧杯中，用少量丙酮溶解，转移至 100mL 容量瓶中，再用少量乙酸乙酯洗涤小烧杯数次，洗涤液倒入容量瓶中并用乙酸乙酯定容至刻度，混匀，配成的标准贮备溶液浓度为 100mg/mL。0~4℃冷藏保存，备用。

（2）混合标准贮备溶液

按照表 4-11 中 17 种有机磷农药在仪器上的响应值，逐一准确吸取一定体积的单个农药贮备溶液分别注入同一容量瓶中，用乙酸乙酯稀释至刻度，配制成农药混合标准贮备溶液。

（3）混合标准工作溶液

使用前用乙酸乙酯将混合标准贮备溶液稀释成所需浓度的标准工作溶液。

表 4-11 有机磷农药 GC-FPD 检测参考数据

序号	中文名称	保留时间/min	测定下限/(mg/kg)
1	敌敌畏	4.733	0.01
2	乙酰甲胺磷	7.139	0.01
3	硫线磷	8.043	0.01
4	百治磷	8.821	0.01
5	乙拌磷	9.196	0.01
6	乐果	9.519	0.01
7	甲基对硫磷	10.155	0.01
8	毒死蜱	10.397	0.01
9	嘧啶磷	10.533	0.01
10	倍硫磷	10.843	0.01
11	丙虫硫磷	11.483	0.01
12	辛硫磷	11.878	0.01
13	灭菌磷	12.493	0.01
14	三硫磷	14.126	0.01
15	三唑磷	15.322	0.01
16	哒嗪硫磷	17.938	0.01
17	亚胺硫磷	19.424	0.01

五、实验仪器

1. 气相色谱仪：配火焰光度检测器（FPD 磷滤光片）。
2. 分析天平：感量 0.1mg 和 0.01g。
3. 容量瓶：100mL，10mL。
4. 移液器：20～200μL 和 100～1000μL。
5. 玻璃离心管：50mL 和 15mL 具塞。
6. 10mL 玻璃刻度试管。
7. 旋涡混合器。
8. 离心机（4000r/min）。
9. 氮吹浓缩仪。
10. 均质器。
11. 捣碎机。

六、实验步骤

1. 样品的制备和保存

从所取全部样品中取出有代表性的样品可食部分约 500g，用捣碎机全部磨碎混合均匀,均分成两份,分别装入洁净容器中,密封,并标明标记,于-18℃以下冷冻存放。在样品制备操作过程中,应防止样品受到污染或发生残留物含量的变化等现象。

2. 样品的预处理

(1) 提取

称取均质试样 10g(精确到 0.01g),置于 50mL 玻璃离心管中,加入 10mL 乙腈、约 4g 无水硫酸镁和 1g 氯化钠,盖上塞子剧烈振荡 2min 以上,以 4000r/min 的转速离心 4min,取出乙腈层装入另一 50mL 离心管,用 10mL 乙腈重复提取一次,合并提取液,并加入 1g 无水硫酸镁,剧烈振荡后,以 4000r/min 的转速离心 4min,移出上清液并浓缩至约 1mL(45℃氮吹),待净化。

(2) 净化

将 Envi-Carb/PSA 小柱装在固相萃取装置上,先用 5mL 丙酮-甲苯混合溶剂预淋洗小柱,保持流速约为 1mL/min,将上述提取液通过小柱,再用 10mL 丙酮-甲苯混合溶剂洗脱,收集全部洗脱液于 10mL 玻璃刻度试管,置于 40℃下氮吹至近 0.5mL,用乙酸乙酯定容至 1.0mL,供 GC-FPD 分析。

3. 样品的测定

(1) 气相色谱仪器条件(GC-FPD)

① 色谱柱:DB-17(30m×0.53mm×0.25μm)石英毛细管柱或相当者。
② 柱箱升温程序:100℃保持 0.5min,然后以 15℃/min 升温至 250℃,保持 20min。
③ 载气:氮气,纯度≥99.999%,恒流模式,流量为 10mL/min。
④ 进样口温度:200℃。
⑤ 进样量:2μL。
⑥ 进样方式:不分流进样。
⑦ 检测器温度:250℃。

(2) 测定

在仪器最佳工作条件下,气相色谱采用外标法定量。根据样液中被测物残留的含量情况,选择相近的标准工作溶液。标准工作溶液和样液中被测物的响应值在仪器的线性范围内,如果含量超过标准曲线范围,应稀释到合适浓度后分析。对标准工作溶液和样液等体积参差进样测定。在气相色谱条件下,17 种有机磷农药在气相色谱仪上的保留时间、方法的检出限见表 4-11,气相色谱图见图 4-9。如检测结果出现阳性,建议使用其他准确定量方法进行测定。

七、数据处理

1. 定性结果

根据标准色谱图各组分的保留时间来确定被测试样中出现的组分数目和组分名称。

2. 定量结果

根据下式计算出试样中每种有机磷农药残留量:

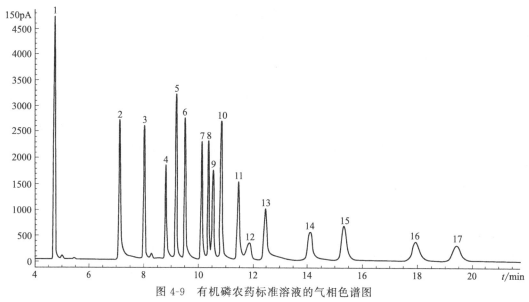

图 4-9 有机磷农药标准溶液的气相色谱图

1—敌敌畏;2—乙酰甲胺磷;3—硫线磷;4—百治磷;5—乙拌磷;6—乐果;7—甲基对硫磷;8—毒死蜱;9—嘧啶磷;10—倍硫磷;11—丙虫硫磷;12—辛硫磷;13—灭菌磷;14—三硫磷;15—三唑磷;16—哒嗪硫磷;17—亚胺硫磷

$$X_i = \frac{A_i c_i V}{A_{is} m}$$

式中 X_i——试样中每种有机磷农药残留量,mg/kg;

A_i——样液中每种有机磷农药的峰面积(或峰高);

A_{is}——标准工作液中每种有机磷农药的峰面积(或峰高);

c_i——标准工作液中每种有机磷农药的浓度,μg/mL;

V——样液最终定容体积,mL;

m——最终样液代表的试样质量,g。

实验十八 城市区域环境噪声测量

一、实验目的

1. 采用网格法测量城市区域环境噪声,加深对环境噪声测量方法的理解。
2. 掌握环境噪声的评价指标与评价方法。

二、实验原理

城市区域环境噪声通常采用等效连续 A 声级来评价。等效连续 A 声级等效于在相

同的时间 t 内与不稳定噪声能量相等的连续稳定噪声的 A 声级，用符号 L_{Aeq} 或 L_{eq} 表示。

由于同样的噪声在白天和夜间对人的影响是不一样的，而等效连续 A 声级并不能反映人对噪声主观反应。考虑到噪声在夜间对人们烦扰的增加，规定在夜间测得所有声级均加上 10dB（A 计权）作为修正值，再计算昼夜噪声能量的加权平均，由此构成昼夜等效声级这一评价参量，用符号 L_{dn} 表示。昼夜等效声级主要用来评价人们昼夜长期暴露在噪声环境中所受的影响。昼间和夜间的时段可根据当地的情况或当地政府的规定作适当的调整。

GB 3096—2008《声环境质量标准》中，将城市划分为 5 类区域，并规定了环境噪声的最高限值（见表 4-12）。这 5 类声功能区域为：

0 类区域——指疗养院、高级别墅区、高级宾馆以及各级人民政府划定的野生动物保护区（核心区和缓冲区）等特别需要安静的区域。

1 类区域——以居住、文教机关为主的区域。乡村居住环境可参照执行该类标准。

2 类区域——居住、商业、工业混杂区。

3 类区域——指城市或乡村中的工业、仓储集中区等需要防止噪声对周围环境产生严重影响的区域。

4 类区域——城市中的道路交通干线两侧区域以及附属车站、广场、码头等需要防止交通噪声对周围环境产生严重影响的区域。

表 4-12　城市各类区域环境噪声最高限值（等效声级 L_{Aeq}）

类别	0	1	2	3	4
昼间/dB	50	55	60	65	70
夜间/dB	40	45	50	55	55

三、实验仪器

本实验所用仪器为 HS 5633 数字声级计，该仪器符合 GB 3785—83 Ⅱ型仪器的要求。能实现一般声级测量并具有最大声级保持功能，其主要技术指标如下：

测量范围：40～130dB。

频率特性：A 计权。

检波特性：真实有效值。

动态特性：快和慢。

传声器：1/2 英寸驻极体电容传声器。

四、实验步骤

1. 选取学校校园或附近住宅小区作为测量区域，将其分成 25m×25m 的网格。测量点应选在每个网格的中心，若中心点的位置不宜测量，可移到旁边能够测量的位置。应尽可能在离任何反射物（地面除外）至少 3.5m 外测量，离地面的高度大于 1.2m 以上。根据网格划分，画出测量网格以及测量分布图。测量应选在无雨、无雪的天气条件下进行，风速达到 5m/s 以上时停止测量。测量时传声器加风罩。

2. 采用声级校准器对声级计进行校准。

3. 按照测量标准中的要求，测量应分别在昼间和夜间进行。实验中可根据实际情况选定某一测量时段进行。依次到各网点测量，时间从 8∶00～17∶00，每一网格至少测量 4 次，时间间隔尽可能相同。

4. 每隔 5s 读一个瞬时 A 声级，连续读取 200 个数据。读数同时要判断和记录附近主要噪声来源（如社会生活、交通、建筑施工、工业企业噪声等）和天气条件。

五、数据处理

1. 各测点数据记录

表 4-13　实验数据记录表

测点编号	L_{Aeq}	主要噪声源	测点编号	L_{Aeq}	主要噪声源

2. 噪声污染空间分布图

将各网格中心测点测得的等效声级，按 5dB 一挡分级，以不同颜色或阴影线表示各噪声污染等级，绘制在覆盖某一区域的网格上，用于表示区域或城市的噪声污染分布情况。等级的颜色和阴影线按表 4-14 规定所示。

表 4-14　噪声等级规定

噪声带/dB	颜色	阴影线	噪声带/dB	颜色	阴影线
30 以下	浅绿色	小点,低密度	61～65	朱红色	交叉线,低密度
36～40	绿色	中点,中密度	66～70	洋红色	交叉线,中密度
41～45	深绿色	大点,高密度	71～75	紫红色	交叉线,高密度
46～50	黄色	垂直线,低密度	76～80	蓝色	宽条垂直线
51～55	褐色	垂直线,中密度	81～85	深蓝色	全黑
56～60	橙色	垂直线,高密度			

3. 根据测量区域以及测量结果，判断测量区域是否符合城市噪声限值标准的要求，分析不同测量时段对测量结果的影响及其原因。

实验十九　城市道路交通噪声测量

一、实验目的

1. 通过城市道路交通噪声的测量，加深对城市道路交通噪声特征的理解。
2. 掌握道路交通噪声的评价指标和评价方法。

二、实验原理

道路交通噪声除了可以采用等效连续 A 声级来评价外，还可采用累计百分声级来评价噪声的变化。在规定测量时间内，有 N％时间的 A 计权声级超过某一噪声级，该噪声级就称为累计百分声级，用 L_N 表示，单位为 dB。累计百分声级用来表示随时间起伏的无规则噪声的声级分布特性，最常用的是 L_{10}、L_{50}、L_{90}。

L_{10}——在测量时间内，有 10％时间的噪声级超过此值，相当于峰值噪声级。

L_{50}——在测量时间内，有 50％时间的噪声级超过此值，相当于中值噪声级。

L_{90}——在测量时间内，有 90％时间的噪声级超过此值，相当于本底噪声级。

如果数据采集是按等时间间隔进行的，则 L_N 也表示有 N％的数据超过噪声级。一般 L_N 和 L_{Aeq} 之间有如下近似关系

$$L_{Aeq}(dB) \approx L_{50} + \frac{(L_{10} - L_{90})^2}{60}$$

本实验要在规定的测量时间段内，在各个测点取样测量 15～20min 的等效连续 A 声级 L_{Aeq} 以及累计百分声级 L_{10}、L_{50}、L_{90}，同时记录车流量（辆/h）。

三、实验仪器

本实验所用仪器为 HS 5633 数字声级计，该仪器符合 GB 3785—83 Ⅱ型仪器的要求。能实现一般声级测量并具有最大声级保持功能，其主要技术指标如下：

测量范围：40～130dB。

频率特性：A 计权。

检波特性：真实有效值。

动态特性：快和慢。

传声器：1/2 英寸驻极体电容传声器。

四、实验步骤

1. 每两人一组到实验室领取声级计,并进行仪器标定。用标准声源标定时,显示器应指示(94±0.5)dB,否则,调节 CAL 电位器使之达到规定值。测量应选在无雨、无雪的天气条件下进行,风速达到 5m/s 以上时停止测量。测量时传声器加风罩。

2. 选定某一交通干线作为测量路段,测点选在两路口之间道路边的人行道上,离车行道 20cm 处,此处距路口应大于 50m,这样该测点的噪声可以代表两路口之间的该段道路的交通噪声。在测量路段上布置 5 个测点,画出测点布置图。

3. 每个测点在规定的时间内(如 20min),隔 5s 读一瞬时 A 声级,连续读取 200 个数据,同时用 2 只计数器分别记录下大型车和小型车的数量。

4. 分别在同一路段的 5 个不同测点重复以上测量。

5. 测量完成后对测量设备进行再次校准,记下校准值。

五、数据处理

1. 各测点数据记录

表 4-15 实验数据记录表

测量点	L_{Aeq}	L_{10}	L_{50}	L_{90}	车流量/(辆/h[1])	
					大型车	小型车

2. 要求给出该段道路交通噪声评定结论,并对交通流量变化引起交通噪声变化情况进行分析。

实验二十 工业企业厂界噪声测量

一、实验目的

1. 掌握工业企业厂界噪声的测量方法。了解企业噪声的基本量值。

2. 了解工业企业噪声对厂界外影响。

二、实验原理

工业企业噪声排放的评价指标主要为 A 计权声级和等效连续 A 声级 L_{Aeq}。工业企业噪声常具有非稳态特征［在测量时间内，声级起伏不大于 3dB（A）的噪声称为稳态噪声；在测量时间内，被测声源的声级起伏大于 3dB（A）的噪声称为非稳态噪声］。

厂界噪声测量中经常出现周围环境噪声的差异在 10dB（A）以内的情况，因此必须进行背景噪声的测量。背景噪声是指在厂区设备停止运行的情况下所测得的由厂界外噪声源产生的噪声。

我国国家标准将噪声排放声环境功能区分为 5 类，各类区域噪声排放限值见表 4-16，其中 A 类限值适用于法定边界外有噪声敏感建筑物或规划为噪声敏感建筑物用地的工业企业，B 类限值适用于法定边界外无噪声敏感建筑物的工业企业。一般情况下，昼间指 6：00 至 22：00 之间的时段；夜间指 22：00 至次日 6：00 之间的时段。当地人民政府另有规定的按当地人民政府划定的时段执行。

表 4-16　各类区域噪声排放限值

声环境功能区	A 类限值		B 类限值	
	昼间/dB	夜间/dB	昼间/dB	夜间/dB
0 类区域	50	40	50	40
1 类区域	55	45	55	55
2 类区域	60	50	60	60
3、4 类区域	65	55	65	65

三、实验仪器

本实验所用仪器为 HS 5633 数字声级计，该仪器符合国际 GB 3785—83 Ⅱ 型仪器的要求。能实现一般声级测量并具有最大声级保持功能，其主要技术指标如下：

测量范围：40～130dB。
频率特性：A 计权。
检波特性：真实有效值。
动态特性：快和慢。
传声器：1/2 英寸驻极体电容传声器。

四、实验步骤

1. 选定测量区域，调查其边界周围可能存在的敏感点（如居民、教室等需要特别安静的区域），画出测量区域厂界以及测点布置图。

2. 选择无雨、无雪的天气中进行，风力为 5.5m/s 以上时停止测量。采用声级校准器对测量设备进行校准，记下校准值。

3. 按要求设定测试设备以及测点位置。布点数目及间距视实际情况而定。测点（即传声器位置）应选在法定厂界外 1m，高度 1.2m 以上的噪声敏感处。如厂界有围墙，测点应高于围墙。若厂界与居民住宅相连，厂界噪声无法测量时，测点应选在居室中央，室内限值应比相应标准值低 10dB（A）。

4. 在每一测点测量，计算正常工作时间内的等效声级。用声级计采样时，仪器动态特性为"慢"响应，采样时间间隔为 5s。若用环境噪声自动监测仪采样时，仪器动态特性为"快"响应，采样时间间隔不大于 1s。对于稳态噪声测量 1min 的等效声级；周期性噪声测量一个周期的等效声级；非周期性非稳态噪声测量整个正常工作时间的等效声级。

5. 测量各测点的背景噪声。

五、数据处理

1. 背景值修正

背景噪声的声级值应比待测噪声的声级值低 10dB（A）以上，若测量值与背景值差值小于 10dB（A），按表 4-17 进行修正。

表 4-17 修正值

测量值与背景值之差/dB	3	4～5	6～10
修正值/dB	-3	-2	-1

2. 测量数据记录

参照表 4-18 记录测量数据。记录厂界噪声值并结合《工业企业厂界噪声标准》（GB 12348—90）的要求，判断该厂噪声是否超标，得出结论，同时针对该厂噪声提出一些切实可行的控制措施。

表 4-18 工业企业厂界噪声测量记录表

工厂名称	适用标准类型	测量仪器	测量时间	测量人
测点编号	主要声源	测量值		测点示意图
		昼间	夜间	

续表

测点编号	主要声源	测量值		测点示意图	
		昼间	夜间		
				备注	

第五章 综合性和设计性实验

实验一 某河流水质监测与评价

选择当地某一主要河流为研究对象,取样监测分析水质现状,评价指标包括12个项目(水温、pH值、溶解氧、高锰酸盐指数、化学需氧量、五日生化需氧量、氨氮、总磷、氟化物、挥发酚、石油类和流量)。

一、实验目的

1. 通过收集研究河流的基础资料,并在现场调查的基础上,确定监测断面和采样点位置。
2. 能够根据国家环保要求和实验室条件,设计出实验方案。
3. 掌握水温、pH值、溶解氧、高锰酸盐指数、化学需氧量、五日生化需氧量、氨氮、总磷、氟化物、挥发酚、石油类和流量12个指标的样品预处理技术和监测分析方法。
4. 能够依据GB 3838—2002《地表水环境质量标准》对河流水质进行评价。

二、监测方案的制定

1. 资料的收集

① 河流的水位、水量、流速及流向的变化,降水量、蒸发量和历史上的水情,河流的宽度、深度、河床结构及地质状况。

② 河流沿岸城市分布,人口分布,工业布局、污染源及其排污情况、城市给排水及农田灌溉排水情况、化肥和农药施用情况。

③ 河流沿岸的资源现状和水资源的用途，饮用水源分布和重点水源保护区，水体流域土地功能及近期使用计划等。

④ 历年水质监测资料等。

2. 监测断面和采样点的布设

通过对基础资料和文献资料、现场调查结果进行系统分析和综合判断，根据实际情况综合考虑，合理确定监测断面。本实验是评价河流在经过某一城区后河流水质变化，分析城区的排污对河流水质的影响，分析的是河流的某一河段，因此应设置对照断面、控制断面和消减断面三种断面。

根据河流的宽度设置监测断面上的采样垂线，并进一步根据河流水的深度确定采样点位置和数量，具体按照表 5-1 和表 5-2 进行选择。

表 5-1 采样垂线的设置

水面宽度/m	垂线数量	垂线位置
≤50	一条	中泓垂线
50~100	二条	左右两岸有明显水流处各设一条
>100	三条	中泓垂线及左右两岸有明显水流处

表 5-2 采样垂线上采样点的设置

水深/m	采样点数	采样点位置
≤0.5	1	1/2 水深处
0.5~5	1	水面下 0.5m 处
5~10	2	水面下 0.5m 处和河底以上的 0.5m 处
>10	3	水面下 0.5m 处、河底以上的 0.5m 处和 1/2 水深处

3. 水样的采集和保存

水样的采集和保存是水质分析的重要环节之一。欲获得准确可靠的水质分析数据，水样采集和保存方法必须规范、统一，并要求各个环节都不能有疏漏，采集到的水样必须具有足够的代表性，并且不能受到任何意外的污染。

选择采样器及盛水器，并按要求进行洗涤，采集的水样按每个监测指标的具体要求进行分装和保存。

4. 采样时间和采样频率

根据时间进行安排，一般 2~3d 一次，总采样次数不少于 3 次。

三、实验分析方法

根据监测方案，选择实验分析方法，为使数据具有可比性，选用标准分析方法，详见表 5-3。

表 5-3　各指标的监测分析方法

序号	监测项目	监测方法	方法来源	说明
1	pH	玻璃电极法	GB/T 6920—86	现场测定
2	DO	电化学探头法	HJ 506—2009	现场测定
3	高锰酸盐指数	—	GB 11892—89	—
4	COD_{Cr}	重铬酸钾法	HJ 828—2017	单独采样、充满容器
5	BOD_5	稀释与接种法	HJ 505—2009	单独采样、充满容器
6	NH_3-N	纳氏试剂分光光度法	HJ 535—2009	
7	TP	钼酸铵分光光度法	GB 11893—89	—
8	氟化物	离子选择电极法	GB 7484—87	单独采样
9	挥发酚	4-氨基安替比林直接分光光度法	HJ 503—2009	
10	石油类	红外分光光度法	HJ 637—2012	单独采样
11	流量	流量计法	—	—

四、河流水质的评价

根据上述 11 项指标的分析测定结果，并依据 GB 3838—2002《地表水环境质量标准》对河流水质进行分析，获得超标污染物的种类和超标倍数，判断该河流水质达到了几类水的水质标准，然后根据河流的使用功能，评价该河流水质现状。

实验二　城市污水处理效果监测与评价

选择某一城市污水处理厂为研究对象，取样监测进、出水水质，分析城市污水处理效果，评价指标包括 6 个项目（化学需氧量、五日生化需氧量、悬浮固体、氨氮、总氮和总磷）。

一、实验目的

1. 通过收集城市污水处理厂的相关资料，并在现场调查的基础上，确定监测点位和监测项目。
2. 能够根据国家环保要求和实验室条件，设计出实验方案。
3. 掌握化学需氧量、五日生化需氧量、悬浮固体、氨氮、总氮和总磷 6 个指标的样品预处理技术和监测分析方法。
4. 能够依据 GB 18918—2002《城镇污水处理厂污染物排放标准》，评价污水厂处理达标情况。

二、监测方案的制定

1. 资料的收集

① 污水处理厂的规模、主体工艺和主要构筑物位置。
② 该污水厂设计进水水质和出水水质,设计出水应达到的国家标准级别。
③ 以往进出水水质监测资料。

2. 监测点的布设

沉砂池进水渠,设一监测点,用于监测进水水质。

污水厂总排放口即消毒接触池出水口,设一监测点,用于监测出水水质。

3. 监测项目

依据 GB 18918—2002《城镇污水处理厂污染物排放标准》,设置化学需氧量、五日生化需氧量、悬浮固体、氨氮、总氮和总磷六个监测项目。

4. 采样时间和采样频率的确定

每天采样监测一次,连续三天。

三、实验分析方法

根据监测方案,选择实验方法,为使数据具有可比性,选用标准分析方法,详见表 5-4。

表 5-4 某高校监测分析方法的选择

序号	监测项目	监测方法	方法来源	说明
1	COD_{Cr}	重铬酸钾法	HJ 828—2017	单独采样、充满容器
2	BOD_5	稀释与接种法	HJ 505—2009	单独采样、充满容器
3	SS	重量法	GB 11901—89	—
4	NH_3-N	纳氏试剂分光光度法	HJ 535—2009	—
5	TN	碱性过硫酸钾消解紫外分光光度法	HJ 636—2012	—
6	TP	钼酸铵分光光度法	GB 11893—89	—

四、污水处理效果评价

分析三天的监测结果,研究数据的有效性,并依据 GB 18918—2002《城镇污水处理厂污染物排放标准》的一级 A 标准,判断污水处理设施的处理效果,评价是否达到设计要求。

实验三 校园空气质量监测与评价

选择某高校的一个校区为研究对象,对校园的空气质量状况进行监测和评价,评价指标包括 5 个项目(SO_2、NO_2、CO、O_3 和 PM_{10}),计算空气质量指数(AQI),评价校园空气质量。

一、实验目的

1. 在现场调查的基础上,能够选择适宜的布点方法,确定合理的采样频率和采样时间。
2. 进一步巩固 5 项污染物指标的分析测定方法。
3. 掌握空气质量指数(AQI)的计算方法,确定首要污染物,并评价学校的空气质量。
4. 能够依据 GB 3095—2012《环境空气质量标准》,评价校园空气质量现状。

二、监测方案的制定

1. 调研和资料的收集

① 了解校区及周边大气污染源、数量、方位及污染物的种类、排放量、排放方式,同时了解所用燃料及消耗量。
② 校区周边交通运输引起的污染情况。
③ 监测时段校区的气象资料,包括风向、风速、气温、气压、降水量和相对湿度等。
④ 校区在城市中的地理位置。
⑤ 市、区环保局在学校或周边的历年监测数据。

2. 采样点的布设

① 校区内:在不同使用功能区域分别布设采样点,如教学区、实验区、操场和居住区等。
② 校门口:如靠近交通主干道的门口和车流量少的门口分别布点。

3. 采样时间和采样频率

TSP 的测定:监测时间为 1d,连续采样 18~24h,监测日平均浓度。

其他项目的测定:监测时间为 1d,每天 4 次,分别在 6:00、12:00、18:00 和 21:30 进行采样,采样时间 45~60min,监测小时平均浓度。

三、实验分析方法

测定 SO_2、NO_2、CO、O_3 和 PM_{10} 的方法很多,比较各种方法的特点,根据实验条件选择合适的测定方法，表 5-5 为某高校的测定方法。

表 5-5　某高校监测分析方法的选择

序号	监测项目	监测方法	方法来源	检出限/(mg/m³)
1	SO_2	甲醛吸收-副玫瑰苯胺分光光度法	HJ 482—2009	0.007
2	NO_2	盐酸萘乙二胺分光光度法	HJ 479—2009	0.015
3	CO	非分散红外法	GB 9801—88	0.3
4	O_3	紫外光度法	HJ 590—2010	0.003
5	PM_{10}	中流量采样-重量法	HJ 618—2011	0.010

四、现场采样、实验室监测和数据处理

按照计划进行现场采样，样品的保存和记录，对数据进行分析和处理。监测结果的原始数据要根据有效数字的保留规则正确书写，对于出现的可疑数据，首先从技术上查明原因，然后再用统计检验处理，经检验属于离群数据应予剔除，以确定数据的有效性。

五、空气质量评价

1. AQI 的计算

根据 HJ 633—2012《环境空气质量指数（AQI）技术规定》，按照下式计算各个监测项目的 AQI

$$IAQI_P = \frac{IAQI_{Hi} - IAQI_{Lo}}{BP_{Hi} - BP_{Lo}}(C_P - BP_{Lo}) + IAQI_{Lo}$$

式中　$IAQI_P$——污染项目 P 的空气质量分指数；

C_P——污染项目 P 的质量浓度值；

BP_{Hi}——表 5-6 中与 C_P 相近的污染物浓度限值的高位值；

BP_{Lo}——表 5-6 中与 C_P 相近的污染物浓度限值的低位值；

$IAQI_{Hi}$——表 5-6 中与 BP_{Hi} 对应的空气质量分指数；

$IAQI_{Lo}$——表 5-6 中与 BP_{Lo} 对应的空气质量分指数。

表 5-6　空气质量分指数及对应的污染物项目浓度限值

空气质量分指数（$IAQI$）	污染项目浓度限值									
	SO_2		NO_2		PM_{10}		CO		O_3	
	日均值/(μg/m³)	小时均值/(μg/m³)	日均值/(μg/m³)	小时均值/(μg/m³)	日均值/(μg/m³)	小时均值/(μg/m³)	日均值/(mg/m³)	小时均值/(mg/m³)	日均值/(mg/m³)	小时均值/(mg/m³)
0	0	0	0	0	0	0	0	0	0	0
50	50	150	40	100	50	2	5	160	100	
100	150	500	80	200	150	4	10	200	160	
150	475	650	180	700	250	14	35	300	215	

续表

空气质量分指数（IAQI）	污染项目浓度限值								
	SO₂		NO₂		PM₁₀	CO		O₃	
	日均值/(μg/m³)	小时均值/(μg/m³)	日均值/(μg/m³)	小时均值/(μg/m³)	日均值/(μg/m³)	日均值/(mg/m³)	小时均值/(mg/m³)	日均值/(μg/m³)	小时均值/(mg/m³)
200	800	800	280	1200	350	24	60	400	265
300	1600	①	565	2340	420	36	90	800	800
400	2100	①	750	3090	500	48	120	1000	②
500	2620	①	940	3840	600	60	150	1200	②

① SO_2 小时均值高于 $800\mu g/m^3$ 的，不再进行其空气质量分指数计算，其空气质量分指数按日均值计算。
② O_3 的 8 小时平均浓度值高于 $800\mu g/m^3$ 的，不再进行其空气质量分指数计算，其空气质量分指数按 1 小时平均浓度计算的分指数。

2. 空气质量评价

按照上式计算出来各个监测项目的 AQI，确定首要污染物，并按表 5-7 评价校园空气质量。

表 5-7　空气质量指数及相关信息

空气质量指数	空气质量指数级别	空气质量指数类别及表示颜色		对健康影响情况	建议采取的措施
0～50	一级	优	绿色	空气质量令人满意，基本无空气污染	各类人群可正常活动
51～100	二级	良	黄色	空气质量可接受，但某些污染物可能对极少数异常敏感人群健康有较弱影响	极少数异常敏感人群应减少户外活动
101～150	三级	轻度污染	橙色	易感人群症状有轻度加剧，健康人群出现刺激症状	儿童、老年人及心脏病、呼吸系统疾病患者应减少长时间、高强度的户外锻炼
151～200	四级	中度污染	红色	进一步加剧易感人群症状，可能对健康人群心脏、呼吸系统有影响	儿童、老年人及心脏病、呼吸系统疾病患者避免长时间、高强度的户外锻炼，一般人群适量减少户外运动
201～300	五级	重度污染	紫色	心脏病和肺病患者症状显著加剧，运动耐受力降低，健康人群普遍出现症状	儿童、老年人及心脏病、肺病患者应停留在室内，停止户外运动，一般人群减少户外运动
>300	六级	严重污染	褐红色	健康人群运动耐受力降低，有明显强烈症状，提前出现某些疾病	儿童、老年人和病人应当停留在室内，避免体力消耗，一般人群应避免户外活动

实验四　室内空气质量监测与评价

选择某一新装修居室为研究对象，对居室内的空气质量状况进行监测和评价，评价指标包括 13 个项目［甲醛、苯系物、总挥发性有机物（TVOC）等］，评价装修后的居室内空气质量是否达标。

一、实验目的

1. 在现场调查的基础上，能够根据室内实际情况，选择适宜的布点方法，确定合理的采样频率及采样时间。
2. 进一步巩固甲醛、苯系物、总挥发性有机物等室内污染物的分析测定方法。
3. 能够依据 GB/T 18883—2002《室内空气质量标准》对室内环境进行评价。

二、监测方案的制定

1. 资料的收集

① 居室的基本情况：居室的面积、户型结构、所在楼层、通风情况。

② 装修情况：装修风格、装修所用板材的种类和数量、所用油漆的种类和数量、家具的设置情况、家具所用的板材等。

③ 自然环境：实验时的季节、温度、湿度、风向及其大小。

2. 采样点的布设

① 采样点的数量：采样点的数量根据监测室内面积大小和现场情况而定，以期能正确反映室内空气污染物的水平。原则上小于 $50m^2$ 的房间应设 1～3 个点；50～$100m^2$ 设 3～5 个点；$100m^2$ 以上至少设 5 个点。在对角线上或梅花式均匀分布。

② 采样点应避开通风口，离墙壁距离应大于 0.5m。

③ 采样点的高度：原则上与人的呼吸带高度一致。相对高度 0.5～1.5m 之间。

3. 采样时间和频率

年平均浓度至少采样 3 个月，日平均浓度至少采样 18h，8h 平均浓度至少采样 6h，1h 平均浓度至少采样 45min，采样时间应涵盖通风最差的时间段。

4. 采样方法

根据污染物在室内空气中存在状态，选用合适的采样方法和仪器，用于室内的采样器的噪声应小于 50dB（A）。具体采样方法应按各个污染物检验方法中规定的方法和操作步骤进行。

① 筛选法采样：采样前关闭门窗 12h，采样时关闭门窗，至少采样 45min。

② 累积法采样：当采用筛选法采样达不到本标准要求时，必须采用累积法（按年平均、日平均、8h 平均值）的要求采样。

5. 采样仪器

恒流采样器：流量范围 0～1L/min。流量稳定可调，恒流误差小于 2%，采样前和采样后应用皂膜流量计校准采样系列流量，误差小于 5%。

6. 记录

采样时要对现场情况、各种污染源、采样日期、时间、地点、数量、布点方式、大气压力、气温、相对湿度、空气流速以及采样者签字等做出详细记录，随样品一同报到实验室。

检验时应对检验日期、实验室、仪器和编号、分析方法、检验依据、实验条件、原始数据、测试人、校核人等做出详细记录。

三、实验分析方法

室内空气中各监测项目的分析方法见表5-8。

表5-8 室内空气中各监测项目的分析方法

序号	监测项目	监测方法	来源
1	氨 NH_3	靛酚蓝分光光度法 纳氏试剂分光光度法 离子选择电极法 次氯酸钠-水杨酸分光光度法	GB/T 18204.25 GB/T 14668 GB/T 14669 GB/T 14679
2	甲醛 HCHO	AHMT分光光度法 酚试剂分光光度法 气相色谱法 乙酰丙酮分光光度法	GB/T 16129 GB/T 18204.26 GB/T 15516
3	苯 C_6H_6	气相色谱法	GB 11737
4	甲苯 C_7H_8 二甲苯 C_8H_{10}	气相色谱法	GB 11737 GB 14677
5	苯并[a]芘 B[a]P	高效液相色谱法	GB/T 15439
6	可吸入颗粒物 PM_{10}	撞击式-称重法	GB/T 17095
7	总挥发性有机化合物 TVOC	气相色谱法	GB/T 18883—2002 附录C
8	菌落总数	撞击法	GB/T 18883—2002 附录D
9	温度	玻璃液体温度计法 数显式温度计法	GB/T 18204.13
10	相对湿度	通风干湿表法 氯化锂湿度计法 电容式数字湿度计法	GB/T 18204.14
11	空气流速	热球式电风速计法 数字式风速表法	GB/T 18204.15
12	新风量	示踪气体法	GB/T 18204.18
13	氡 ^{222}Rn	气中氡浓度的闪烁瓶测量方法 径迹蚀刻法 双滤膜法	GB/T 16147 GB/T 14582

四、质量保证措施

1. 气密性检查：动力采样器在采样前应对采样系统气密性进行检查，不得漏气。
2. 流量校准：采样系统流量要能保持恒定，采样前和采样后要用一级皂膜流量计校准采样系统进气流量，误差不超过5%。

   采样器流量校准：在采样器正常使用状态下，用一级皂膜流量计校准采样器流量计的刻度，校准5个点，绘制流量校准曲线。记录校准时的大气压力和温度。
3. 空白检验：在一批现场采样中，应留有两个采样管不采样，并按其他样品管一样对待，作为采样过程中空白检验，若空白检验超过控制范围，则这批样品作废。
4. 仪器使用前，应按仪器说明书对仪器进行检验和标定。
5. 在计算浓度时应用下式将采样体积换算成标准状态下的体积

$$V_r = V \frac{T_r}{T} \times \frac{p}{p_r}$$

式中 V_r——换算成参比状态下的采样体积，L；

V——采样体积，L；

T_r——参比状态的绝对温度，298.15K；

T——采样时采样点现场的温度 t 与标准状态的绝对温度之和，$t+273$，K；

p_r——参比状态下的大气压力，1013.25hPa；

p——采样时采样点的大气压力，hPa。

6. 每次平行采样，测定之差与平均值比较的相对偏差不超过20%。

五、测试结果和空气质量评价

测试结果以平均值表示，化学性、生物性和放射性指标平均值符合标准值要求时，为符合本标准。如有一项检验结果未达到本标准要求时，为不符合本标准。

要求年平均、日平均、8h平均值的参数，可以先做筛选采样检验，若检验结果符合标准值要求，为符合本标准。若筛选采样检验结果不符合标准值要求，必须按年平均、日平均、8h平均值的要求，用累积采样检验结果评价。

对测试结果进行分析，依据GB/T 18883—2002《室内空气质量标准》评价居室内污染程度。

附 录

附录一 地表水环境质量标准

一、标准来源

GB 3838—2002《地表水环境质量标准》

二、水域功能和标准分类

依据地表水水域环境功能和保护目标,按功能高低依次划分为五类:

Ⅰ类 主要适用于源头水、国家自然保护区;

Ⅱ类 主要适用于集中式生活饮用水地表水源地一级保护区、珍稀水生生物栖息地、鱼虾类产卵场、仔稚幼鱼的索饵场等;

Ⅲ类 主要适用于集中式生活饮用水地表水源地二级保护区、鱼虾类越冬场、洄游通道、水产养殖区等渔业水域及游泳区;

Ⅳ类 主要适用于一般工业用水区及人体非直接接触的娱乐用水区;

Ⅴ类 主要适用于农业用水区及一般景观要求水域。

对应地表水上述五类水域功能,将地表水环境质量标准基本项目标准值分为五类,不同功能类别分别执行相应类别的标准值。水域功能类别高的标准值严于水域功能类别低的标准值,同一水域兼有多类使用功能的,执行最高功能类别对应的标准值。实现水域功能与达功能类别标准为同一含义。

三、标准值

1. 地表水环境质量标准基本项目标准限值见表 1。

2. 集中式生活饮用水地表水源地补充项目标准限值见表2。
3. 集中式生活饮用水地表水源地特定项目标准限值见表3。

表1 地表水环境质量标准基本项目标准限值　　　　　单位：mg/L

序号	标准值　分类　项目		Ⅰ类	Ⅱ类	Ⅲ类	Ⅳ类	Ⅴ类
1	水温/℃				人为造成的环境水温变化应限制在：周平均最大温升≤1　周平均最大温降≤2		
2	pH值(无量纲)				6～9		
3	溶解氧	≥	饱和率90%（或7.5）	6	5	3	2
4	高锰酸盐指数	≤	2	4	6	10	15
5	化学需氧量(COD)	≤	15	15	20	30	40
6	五日生化需氧量(BOD_5)	≤	3	3	4	6	10
7	氨氮(NH_3-N)	≤	0.15	0.5	1.0	1.5	2.0
8	总磷(以P计)	≤	0.02（湖、库0.01）	0.1（湖、库0.025）	0.2（湖、库0.05）	0.3（湖、库0.1）	0.4（湖、库0.2）
9	总氮(湖、库，以N计)	≤	0.2	0.5	1.0	1.5	2.0
10	铜	≤	0.01	1.0	1.0	1.0	1.0
11	锌	≤	0.05	1.0	1.0	2.0	2.0
12	氟化物(以F^-计)	≤	1.0	1.0	1.0	1.5	1.5
13	硒	≤	0.01	0.01	0.01	0.02	0.02
14	砷	≤	0.05	0.05	0.05	0.1	0.1
15	汞	≤	0.00005	0.00005	0.0001	0.001	0.001
16	镉	≤	0.001	0.005	0.005	0.005	0.01
17	铬(六价)	≤	0.01	0.05	0.05	0.05	0.1
18	铅	≤	0.01	0.01	0.05	0.05	0.1
19	氰化物	≤	0.005	0.05	0.2	0.2	0.2
20	挥发酚	≤	0.002	0.002	0.005	0.01	0.1
21	石油类	≤	0.05	0.05	0.05	0.5	1.0
22	阴离子表面活性剂	≤	0.2	0.2	0.2	0.3	0.3
23	硫化物	≤	0.05	0.1	0.2	0.5	1.0
24	粪大肠菌群/(个/L)	≤	200	2000	10000	20000	40000

表2 集中式生活饮用水地表水源地补充项目标准限值　　单位：mg/L

序号	项目	标准值
1	硫酸盐(以 SO_4^{2-} 计)	250
2	氯化物(以 Cl^- 计)	250
3	硝酸盐(以 N 计)	10
4	铁	0.3
5	锰	0.1

表3 集中式生活饮用水地表水源地特定项目标准限值　　单位：mg/L

序号	项目	标准值	序号	项目	标准值
1	三氯甲烷	0.06	29	六氯苯	0.05
2	四氯化碳	0.002	30	硝基苯	0.017
3	三溴甲烷	0.1	31	二硝基苯[④]	0.5
4	二氯甲烷	0.02	32	2,4-二硝基甲苯	0.0003
5	1,2-二氯乙烷	0.03	33	2,4,6-三硝基甲苯	0.5
6	环氧氯丙烷	0.02	34	硝基氯苯[⑤]	0.05
7	氯乙烯	0.005	35	2,4-二硝基氯苯	0.5
8	1,1-二氯乙烯	0.03	36	2,4-二氯苯酚	0.093
9	1,2-二氯乙烯	0.05	37	2,4,6-三氯苯酚	0.2
10	三氯乙烯	0.07	38	五氯酚	0.009
11	四氯乙烯	0.04	39	苯胺	0.1
12	氯丁二烯	0.002	40	联苯胺	0.0002
13	六氯丁二烯	0.0006	41	丙烯酰胺	0.0005
14	苯乙烯	0.02	42	丙烯腈	0.1
15	甲醛	0.9	43	邻苯二甲酸二丁酯	0.003
16	乙醛	0.05	44	邻苯二甲酸二(2-乙基己基)酯	0.008
17	丙烯醛	0.1	45	水合肼	0.01
18	三氯乙醛	0.01	46	四乙基铅	0.0001
19	苯	0.01	47	吡啶	0.2
20	甲苯	0.7	48	松节油	0.2
21	乙苯	0.3	49	苦味酸	0.5
22	二甲苯[①]	0.5	50	丁基黄原酸	0.005
23	异丙苯	0.25	51	活性氯	0.01
24	氯苯	0.3	52	滴滴涕	0.001
25	1,2-二氯苯	1.0	53	林丹	0.002
26	1,4-二氯苯	0.3	54	环氧七氯	0.0002
27	三氯苯[②]	0.02	55	对硫磷	0.003
28	四氯苯[③]	0.02	56	甲基对硫磷	0.002

续表

序号	项目	标准值	序号	项目	标准值
57	马拉硫磷	0.05	69	微囊藻毒素-LR	0.001
58	乐果	0.08	70	黄磷	0.003
59	敌敌畏	0.05	71	钼	0.07
60	敌百虫	0.05	72	钴	1.0
61	内吸磷	0.03	73	铍	0.002
62	百菌清	0.01	74	硼	0.5
63	甲萘威	0.05	75	锑	0.005
64	溴氰菊酯	0.02	76	镍	0.02
65	阿特拉津	0.003	77	钡	0.7
66	苯并[a]芘	2.8×10^{-6}	78	钒	0.05
67	甲基汞	1.0×10^{-6}	79	钛	0.1
68	多氯联苯⑥	2.0×10^{-5}	80	铊	0.0001

① 二甲苯：指对二甲苯、间二甲苯、邻二甲苯。
② 三氯苯：指 1,2,3-三氯苯、1,2,4-三氯苯、1,3,5-三氯苯。
③ 四氯苯：指 1,2,3,4-四氯苯、1,2,3,5-四氯苯、1,2,4,5-四氯苯。
④ 二硝基苯：指对二硝基苯、间二硝基苯、邻二硝基苯。
⑤ 硝基氯苯：指对硝基氯苯、间硝基氯苯、邻硝基氯苯。
⑥ 多氯联苯：指 PCB-1016、PCB-1221、PCB-1232、PCB-1242、PCB-1248、PCB-1254、PCB-1260。

附录二 污水综合排放标准

一、标准来源

GB 8978—1996《污水综合排放标准》

二、技术内容

1. 标准分级

① 排入 GB 3838 Ⅲ类水域（划定的保护区和游泳区除外）和排入 GB 3097 中二类海域的污水，执行一级标准。
② 排入 GB 3838 中 Ⅳ、Ⅴ类水域和排入 GB 3097 中三类海域的污水，执行二级标准。
③ 排入设置二级污水处理厂的城镇排水系统的污水，执行三级标准。
④ 排入未设置二级污水处理厂的城镇排水系统的污水，必须根据排水系统出水受纳水域的功能要求，分别执行①和②的规定。

⑤ GB 3838 中Ⅰ、Ⅱ类水域和Ⅲ类水域中划定的保护区，GB 3097 中一类海域，禁止新建排污口，现有排污口应按水体功能要求，实行污染物总量控制，以保证受纳水体水质符合规定用途的水质标准。

2．标准值

本标准将排放的污染物按其性质及控制方式分为两类。第一类污染物，不分行业和污水排放方式，也不分受纳水体的功能类别，一律在车间或车间处理设施排放口采样，其最高允许排放浓度必须达到本标准要求（采矿行业的尾矿坝出水口不得视为车间排放口）。第二类污染物，在排污单位排放口采样，其最高允许排放浓度必须达到本标准要求。

本标准按年限规定了第一类污染物和第二类污染物最高允许排放浓度及部分行业最高允许排水量，分别为：1997 年 12 月 31 日之前建设的单位，现应用较少不再列出相关规定；1998 年 1 月 1 日起建设（包括改、扩建）的单位，水污染物的排放必须同时执行表 4、表 5 的规定。

建设（包括改、扩建）单位的建设时间，以环境影响评价报告书（表）批准日期为准划分。

表 4　第一类污染物最高允许排放浓度　　　　　　　　　　　单位：mg/L

序号	污染物	最高允许排放浓度	序号	污染物	最高允许排放浓度
1	总汞	0.05	8	总镍	1.0
2	烷基汞	不得检出	9	苯并[a]芘	0.00003
3	总镉	0.1	10	总铍	0.005
4	总铬	1.5	11	总银	0.5
5	六价铬	0.5	12	总 α 放射性	1Bq/L
6	总砷	0.5	13	总 β 放射性	10Bq/L
7	总铅	1.0			

表 5　第二类污染物最高允许排放浓度
（1998 年 1 月 1 日后建设的单位）　　　　　　　　　　　单位：mg/L

序号	污染物	适用范围	一级标准	二级标准	三级标准
1	pH	一切排污单位	6～9	6～9	6～9
2	色度（稀释倍数）	一切排污单位	50	80	—
3	悬浮物(SS)	采矿、选矿、选煤工业	70	300	
		脉金选矿	70	400	
		边远地区砂金选矿	70	800	
		城镇二级污水处理厂	20	30	
		其他排污单位	70	150	400
4	五日生化需氧量（BOD$_5$）	甘蔗制糖、苎麻脱胶、湿法纤维板、染料、洗毛工业	20	60	600
		甜菜制糖、酒精、味精、皮革、化纤浆粕工业	20	100	600
		城镇二级污水处理厂	20	30	—
		其他排污单位	20	30	300

续表

序号	污染物	适用范围	一级标准	二级标准	三级标准
5	化学需氧量（COD）	甜菜制糖、合成脂肪酸、湿法纤维板、染料、洗毛、有机磷农药工业	100	200	1000
		味精、酒精、医药原料药、生物制药、苎麻脱胶、皮革、化纤浆粕工业	100	300	1000
		石油化工工业（包括石油炼制）	60	120	500
		城镇二级污水处理厂	60	120	—
		其他排污单位	100	150	500
6	石油类	一切排污单位	5	10	20
7	动植物油	一切排污单位	10	15	100
8	挥发酚	一切排污单位	0.5	0.5	2.0
9	总氰化合物	一切排污单位	0.5	0.5	1.0
10	硫化物	一切排污单位	1.0	1.0	1.0
11	氨氮	医药原料药、染料、石油化工工业	15	50	—
		其他排污单位	15	25	—
12	氟化物	黄磷工业	10	15	20
		低氟地区（水体含氟量<0.5mg/L）	10	20	30
		其他排污单位	10	10	20
13	磷酸盐（以P计）	一切排污单位	0.5	1.0	—
14	甲醛	一切排污单位	1.0	2.0	5.0
15	苯胺类	一切排污单位	1.0	2.0	5.0
16	硝基苯类	一切排污单位	2.0	3.0	5.0
17	阴离子表面活性剂（LAS）	一切排污单位	5.0	10	20
18	总铜	一切排污单位	0.5	1.0	2.0
19	总锌	一切排污单位	2.0	5.0	5.0
20	总锰	合成脂肪酸工业	2.0	5.0	5.0
		其他排污单位	2.0	2.0	5.0
21	彩色显影剂	电影洗片	1.0	2.0	3.0
22	显影剂及氧化物总量	电影洗片	3.0	3.0	6.0
23	元素磷	一切排污单位	0.1	0.1	0.3
24	有机磷农药（以P计）	一切排污单位	不得检出	0.5	0.5
25	乐果	一切排污单位	不得检出	1.0	2.0
26	对硫磷	一切排污单位	不得检出	1.0	2.0
27	甲基对硫磷	一切排污单位	不得检出	1.0	2.0
28	马拉硫磷	一切排污单位	不得检出	5.0	10
29	五氯酚及五氯酚钠（以五氯酚计）	一切排污单位	5.0	8.0	10

续表

序号	污染物	适用范围	一级标准	二级标准	三级标准
30	可吸附有机卤化物	一切排污单位	1.0	5.0	8.0
31	三氯甲烷	一切排污单位	0.3	0.6	1.0
32	四氯化碳	一切排污单位	0.03	0.06	0.5
33	三氯乙烯	一切排污单位	0.3	0.6	1.0
34	四氯乙烯	一切排污单位	0.1	0.2	0.5
35	苯	一切排污单位	0.1	0.2	0.5
36	甲苯	一切排污单位	0.1	0.2	0.5
37	乙苯	一切排污单位	0.4	0.6	1.0
38	邻二甲苯	一切排污单位	0.4	0.6	1.0
39	对二甲苯	一切排污单位	0.4	0.6	1.0
40	间二甲苯	一切排污单位	0.4	0.6	1.0
41	氯苯	一切排污单位	0.2	0.4	1.0
42	邻二氯苯	一切排污单位	0.4	0.6	1.0
43	对二氯苯	一切排污单位	0.4	0.6	1.0
44	对硝基氯苯	一切排污单位	0.5	1.0	5.0
45	2,4-二硝基氯苯	一切排污单位	0.5	1.0	5.0
46	苯酚	一切排污单位	0.3	0.4	1.0
47	间甲酚	一切排污单位	0.1	0.2	0.5
48	2,4-二氯酚	一切排污单位	0.6	0.8	1.0
49	2,4,6-三氯酚	一切排污单位	0.6	0.8	1.0
50	邻苯二甲酸二丁酯	一切排污单位	0.2	0.4	2.0
51	邻苯二甲酸二辛酯	一切排污单位	0.3	0.6	2.0
52	丙烯腈	一切排污单位	2.0	5.0	5.0
53	总硒	一切排污单位	0.1	0.2	0.5
54	粪大肠菌群数	医院[①]、兽医院及医疗机构含病原体污水	500个/L	1000个/L	5000个/L
		传染病、结核病医院污水	100个/L	500个/L	1000个/L
55	总余氯(采用氯化消毒的医院污水)	医院[①]、兽医院及医疗机构含病原体污水	<0.5[②]	>3(接触时间≥1h)	>2(接触时间≥1h)
		传染病、结核病医院污水	<0.5[②]	>6.5(接触时间≥1.5h)	>5(接触时间≥1.5h)
56	总有机碳(TOC)	合成脂肪酸工业	20	40	—
		苎麻脱胶工业	20	60	—
		其他排污单位	20	30	—

① 指50个床位以上的医院。
② 加氯消毒后须进行脱氯处理,达到本标准。
注:其他排污单位:指除在该控制项目中所列行业以外的一切排污单位。

附录三 环境空气质量标准

一、标准来源

GB 3095—2012《环境空气质量标准》

二、环境空气功能区分类和质量要求

1. 环境空气功能区分类

环境空气功能区分为二类：一类区为自然保护区、风景名胜区和其他需要特殊保护的区域；二类区为居住区、商业交通居民混合区、文化区、工业区和农村地区。

2. 环境空气功能区质量要求

一类区适用一级浓度限值，二类区适用二级浓度限值。一、二类环境空气功能区质量要求见表6和表7。

表6 环境空气污染物基本项目浓度限值

序号	污染物项目	平均时间	浓度限值 一级	浓度限值 二级	单位
1	二氧化硫（SO_2）	年平均	20	60	$\mu g/m^3$
		24小时平均	50	150	
		1小时平均	150	500	
2	二氧化氮（NO_2）	年平均	40	40	$\mu g/m^3$
		24小时平均	80	80	
		1小时平均	200	200	
3	一氧化碳（CO）	24小时平均	4	4	mg/m^3
		1小时平均	10	10	
4	臭氧（O_3）	日最大8小时平均	100	160	$\mu g/m^3$
		1小时平均	160	200	
5	颗粒物（粒径小于等于10μm）	年平均	40	70	$\mu g/m^3$
		24小时平均	50	150	
6	颗粒物（粒径小于等于2.5μm）	年平均	15	35	$\mu g/m^3$
		24小时平均	35	75	

表 7 环境空气污染物其他项目浓度限值

序号	污染物项目	平均时间	浓度限值/($\mu g/m^3$) 一级	浓度限值/($\mu g/m^3$) 二级
1	总悬浮颗粒物(TSP)	年平均	80	200
		24 小时平均	120	300
2	氮氧化物(NO_x)	年平均	50	50
		24 小时平均	100	100
		1 小时平均	250	250
3	铅(Pb)	年平均	0.5	0.5
		季平均	1	1
4	苯并[a]芘(B[a]P)	年平均	0.001	0.001
		24 小时平均	0.0025	0.0025

三、监测

应按表 8 的要求，采用相应的方法分析各项污染物的浓度。

表 8 各项污染物分析方法

序号	污染物项目	手工分析方法 分析方法	手工分析方法 标准编号	自动分析方法
1	二氧化硫(SO_2)	环境空气 二氧化硫的测定 甲醛吸收-副玫瑰苯胺分光光度法	HJ 482	紫外荧光法、差分吸收光谱分析法
		环境空气 二氧化硫的测定 四氯汞盐吸收-副玫瑰苯胺分光光度法	HJ 483	
2	二氧化氮(NO_2)	环境空气 氮氧化物(一氧化氮和二氧化氮)的测定 盐酸萘乙二胺分光光度法	HJ 479	化学发光法、差分吸收光谱分析法
3	一氧化碳(CO)	空气质量 一氧化碳的测定 非分散红外法	GB 9801	气体滤波相关红外吸收法、非分散红外吸收法
4	臭氧(O_3)	环境空气 臭氧的测定 靛蓝二磺酸钠分光光度法	HJ 504	紫外荧光法、差分吸收光谱分析法
		环境空气 臭氧的测定 紫外光度法	HJ 590	
5	颗粒物(粒径小于等于 10μm)	环境空气 PM_{10} 和 $PM_{2.5}$ 的测定 重量法	HJ 618	微量振荡天平法、β 射线法
6	颗粒物(粒径小于等于 2.5μm)	环境空气 PM_{10} 和 $PM_{2.5}$ 的测定 重量法	HJ 618	微量振荡天平法、β 射线法
7	总悬浮颗粒物(TSP)	环境空气 总悬浮颗粒物的测定 重量法	GB/T 15432	
8	氮氧化物(NO_x)	环境空气 氮氧化物(一氧化氮和二氧化氮)的测定 盐酸萘乙二胺分光光度法	HJ 479	化学发光法、差分吸收光谱分析法

续表

序号	污染物项目	手工分析方法		自动分析方法
		分析方法	标准编号	
9	铅(Pb)	环境空气 铅的测定 石墨炉原子吸收分光光度法(暂行)	HJ 539	—
		环境空气 铅的测定 火焰原子吸收分光光度法	GB/T 15264	—
10	苯并[a]芘(B[a]P)	空气质量 飘尘中苯并[a]芘的测定 乙酰化滤纸层析荧光分光光度法	GB 8971	—
		环境空气 苯并[a]芘的测定 高效液相色谱法	GB/T 15439	—

附录四 室内空气质量标准

一、标准来源

GB/T 18883—2002《室内空气质量标准》

二、室内空气质量

1. 室内空气应无毒、无害、无异常嗅味。
2. 室内空气质量标准见表9。

表9 室内空气质量标准

序号	参数类别	参数	单位	标准值	备注
1	物理性	温度	℃	22~28	夏季空调
				16~24	冬季采暖
2		相对湿度	%	40~80	夏季空调
				30~60	冬季采暖
3		空气流速	m/s	0.3	夏季空调
				0.2	冬季采暖
4		新风量	m³/(h·人)	30[①]	
5	化学性	二氧化硫 SO_2	mg/m³	0.50	1小时均值
6		二氧化氮 NO_2	mg/m³	0.24	1小时均值
7		一氧化碳 CO	mg/m³	10	1小时均值
8		二氧化碳 CO_2	%	0.10	日平均值

续表

序号	参数类别	参数	单位	标准值	备注
9	化学性	氨 NH_3	mg/m^3	0.20	1小时均值
10		臭氧 O_3	mg/m^3	0.16	1小时均值
11		甲醛 HCHO	mg/m^3	0.10	1小时均值
12		苯 C_6H_6	mg/m^3	0.11	1小时均值
13		甲苯 C_7H_8	mg/m^3	0.20	1小时均值
14		二甲苯 C_8H_{10}	mg/m^3	0.20	1小时均值
15		苯并[a]芘(B[a]P)	ng/m^3	1.0	日平均值
16		可吸入颗粒物 PM_{10}	mg/m^3	0.15	日平均值
17		总挥发性有机物 TVOC	mg/m^3	0.60	8小时均值
18	生物性	菌落总数	cfu/m^3	2500	依据仪器定
19	放射性	氡 ^{222}Rn	Bq/m^3	400	年平均值(行动水平②)

① 新风量要求≥标准值，除温度、相对湿度外的其他参数要求≤标准值；
② 达到此水平建议采取干预行动以降低室内氡浓度。

附录五　水中氧的溶解度与温度、大气压和盐分的关系

一、氧在水中的溶解度与水温和含盐量的函数关系

1. 温度的影响

表10给出了标准大气压（101.325kPa）下、在水蒸气饱和的、含氧体积分数为20.94%的空气存在时，纯水中氧的溶解度，以每升纯水中氧的质量（mg）表示。

2. 含盐量的影响

水中氧的溶解度随着含盐量的增加而减少，总盐量在35g/kg以下时，二者呈线性关系。

表10给出了水温为 t（0～39℃，间隔为1℃）、水中含盐量（以NaCl计）每变化1g/kg时，水中溶解氧的修正因子。该修正因子适用于海水或港湾水，使用上述修正值能给盐水中的溶解氧计算结果带来大约1%的误差。

表10　氧的溶解度与水温和含盐量的函数关系

温度/℃	在标准大气压101.325kPa下氧的溶解度$[\rho(O)_s]/(mg/L)$	水中含盐量每增加1g/kg时溶解氧的修正因子/$[(mg/L)/(g/kg)]$	温度/℃	在标准大气压101.325kPa下氧的溶解度$[\rho(O)_s]/(mg/L)$	水中含盐量每增加1g/kg时溶解氧的修正因子/$[(mg/L)/(g/kg)]$
0	14.62	0.0875	3	13.46	0.0789
1	14.22	0.0843	4	13.11	0.0760
2	13.83	0.0818	5	12.77	0.0739

续表

温度/℃	在标准大气压101.325kPa下氧的溶解度[ρ(O)ₛ]/(mg/L)	水中含盐量每增加1g/kg时溶解氧的修正因子/[(mg/L)/(g/kg)]	温度/℃	在标准大气压101.325kPa下氧的溶解度[ρ(O)ₛ]/(mg/L)	水中含盐量每增加1g/kg时溶解氧的修正因子/[(mg/L)/(g/kg)]
6	12.45	0.0714	24	8.42	0.0432
7	12.14	0.0693	25	8.26	0.0421
8	11.84	0.0671	26	8.11	0.0407
9	11.56	0.065	27	7.97	0.0400
10	11.29	0.0632	28	7.83	0.0389
11	11.03	0.0614	29	7.69	0.0382
12	10.78	0.0593	30	7.56	0.0371
13	10.54	0.0582	31	7.43	
14	10.31	0.0561	32	7.30	
15	10.08	0.0545	33	7.18	
16	9.87	0.0532	34	7.07	
17	9.66	0.0514	35	6.95	
18	9.47	0.0500	36	6.84	
19	9.28	0.0489	37	6.73	
20	9.09	0.0475	38	6.63	
21	8.91	0.0464	39	6.53	
22	8.74	0.0453	40	6.43	
23	8.58	0.0443			

表 11 提供了电导率与含盐量（以 NaCl 计）的函数关系。

表 11 电导率与含盐量的函数关系

电导率/(mS/cm)	水中含盐量/(g/kg)	电导率/(mS/cm)	水中含盐量/(g/kg)	电导率/(mS/cm)	水中含盐量/(g/kg)
5	3	20	13	35	25
6	4	21	14	36	25
7	4	22	15	37	26
8	5	23	15	38	27
9	6	24	16	39	28
10	6	25	17	40	29
11	7	26	18	42	30
12	8	27	18	44	32
13	8	28	19	46	33
14	9	29	20	48	35
15	10	30	21	50	37
16	10	31	22	52	38
17	11	32	22	54	40
18	12	33	23		
19	13	34	24		

二、溶解氧与大气压力和水温的函数关系

气压为 p（kPa）时，水中氧的溶解度 $\rho'(O)_s$ 可由下式求出

$$\rho(O) = \rho'(O)_s \times \frac{p - p_w}{101.325 - p_w}$$

式中 $\rho(O)_s$——温度为 t、大气压力为 p（kPa）时，水中氧的溶解度，mg/L；

$\rho'(O)_s$——温度为 t、大气压力为 101.325kPa 时，水中溶解氧的理论质量浓度，mg/L，由表 10 中可查到；

p_w——摄氏温度为 t（℃）时，饱和水蒸气的压力，kPa。

表 12 给出了大气压范围在 50.5~110.5kPa（间隔为 5kPa）、温度范围在 0~40℃（间隔为 1℃），水中氧的溶解度 $\rho(O)_s$，用每升溶解氧的质量（mg）表示。

间隔更小的数据则由上式导出，也可以用内插法推算。

表 12　不同大气压和水温条件下氧的溶解度　　　　　　　单位：mg/L

温度/℃	p/kPa	大气压 p/kPa												
		50.50	55.50	60.50	65.50	70.50	75.50	80.50	85.50	90.50	95.50	100.50	105.50	110.50
0	0.61	7.24	7.97	8.69	9.42	10.15	10.87	11.60	12.32	13.05	13.77	14.50	15.23	15.95
2	0.71	6.84	7.53	8.22	8.91	9.59	10.28	10.97	11.65	12.34	13.03	13.72	14.40	15.09
3	0.76	6.66	7.33	8.00	8.67	9.33	10.00	10.67	11.34	12.01	12.68	13.35	14.02	14.69
4	0.81	6.48	7.13	7.79	8.44	9.09	9.74	10.39	11.05	11.70	12.35	13.00	13.65	14.31
5	0.87	6.31	6.94	7.58	8.22	8.85	9.49	10.12	10.76	11.39	12.03	12.67	13.30	13.94
6	0.93	6.15	6.77	7.39	8.01	8.63	9.25	9.87	10.49	11.11	11.73	12.35	12.97	13.59
7	1.00	5.99	6.59	7.20	7.80	8.41	9.02	9.62	10.23	10.83	11.44	12.04	12.65	13.25
8	1.07	5.84	6.43	7.02	7.61	8.20	8.79	9.38	9.97	10.56	11.15	11.74	12.33	12.92
9	1.15	5.69	6.27	6.85	7.43	8.00	8.58	9.16	9.73	10.31	10.89	11.46	12.04	12.62
10	1.23	5.56	6.12	6.69	7.25	7.81	8.38	8.94	9.51	10.07	10.63	11.20	11.76	12.32
11	1.31	5.42	5.98	6.53	7.08	7.63	8.18	8.73	9.28	9.84	10.39	10.94	11.49	12.04
12	1.40	5.30	5.84	6.38	6.92	7.45	7.99	8.53	9.07	9.61	10.15	10.69	11.23	11.77
13	1.49	5.17	5.70	6.23	6.76	7.29	7.81	8.34	8.87	9.40	9.93	10.45	10.98	11.51
14	1.60	5.06	5.57	6.09	6.61	7.12	7.64	8.16	8.67	9.19	9.71	10.22	10.74	11.26
15	1.71	4.94	5.44	5.95	6.45	6.96	7.47	7.97	8.48	8.98	9.49	10.00	10.50	11.01
16	1.81	4.83	5.33	5.82	6.32	6.81	7.31	7.80	8.30	8.80	9.29	9.79	10.28	10.78
17	1.93	4.72	5.21	5.69	6.18	6.66	7.15	7.64	8.12	8.61	9.09	9.58	10.07	10.55
18	2.07	4.62	5.10	5.57	6.05	6.53	7.01	7.48	7.96	8.44	8.91	9.39	9.87	10.35
19	2.20	4.52	4.99	5.46	5.93	6.39	6.86	7.33	7.80	8.27	8.73	9.20	9.67	10.14
20	2.81	4.42	4.88	5.34	5.80	6.26	6.72	7.18	7.64	8.10	8.56	9.01	9.47	9.93
21	2.99	4.33	4.78	5.23	5.68	6.13	6.58	7.03	7.48	7.93	8.38	8.84	9.29	9.74

续表

温度/℃	p/kPa	大气压 p/kPa												
		50.50	55.50	60.50	65.50	70.50	75.50	80.50	85.50	90.50	95.50	100.50	105.50	110.50
22	3.17	4.24	4.68	5.12	5.57	6.01	6.45	6.90	7.34	7.78	8.22	8.67	9.11	9.55
23	3.36	4.15	4.59	5.02	5.46	5.90	6.33	6.77	7.20	7.64	8.07	8.51	8.94	9.38
24	3.56	4.07	4.07	4.92	5.35	5.78	6.21	6.64	7.06	7.49	7.92	8.35	8.78	9.21
25	3.77	3.98	3.98	4.82	5.25	5.67	6.09	6.51	6.93	7.35	7.77	8.19	8.61	9.03
26	4.00	3.90	4.32	4.73	5.14	5.56	5.97	6.39	6.80	7.21	7.63	8.04	8.45	8.87
27	4.24	3.83	4.23	4.64	5.05	5.46	5.86	6.27	6.68	7.09	7.50	7.90	8.31	8.72
28	4.49	3.75	4.15	4.55	4.95	5.36	5.76	6.16	6.56	6.96	7.36	7.76	8.17	8.57
29	4.76	3.67	4.07	4.46	4.86	5.25	5.65	6.04	6.44	6.83	7.23	7.62	8.02	8.41
30	5.02	3.60	3.99	4.38	4.77	5.16	5.55	5.94	6.33	6.72	7.11	7.50	7.89	8.27
31	5.32	3.53	3.91	4.30	4.68	5.06	5.45	5.83	6.22	6.60	6.98	7.37	7.70	8.13
32	5.62	3.46	3.84	4.21	4.59	4.97	5.35	5.73	6.10	6.48	6.86	7.24	7.62	7.99
33	5.94	3.39	3.76	4.14	4.51	4.88	5.25	5.63	6.00	6.37	6.75	7.12	7.49	7.86
34	6.28	3.33	3.70	4.06	4.43	4.80	5.17	5.54	5.90	6.27	6.64	7.01	7.38	7.75
35	6.62	3.26	3.62	3.99	4.35	4.71	5.07	5.44	5.80	6.16	6.53	6.89	7.25	7.62
36	6.98	3.20	3.55	3.91	4.27	4.63	4.99	5.35	5.71	6.06	6.42	6.78	7.14	7.50
37	2.81	3.13	3.49	3.84	4.19	4.55	4.90	5.26	5.61	5.96	6.32	6.67	7.03	7.38
38	2.99	3.07	3.42	3.77	4.12	4.47	4.82	5.17	5.52	5.87	6.22	6.57	6.92	7.27
39	3.17	3.01	3.36	3.70	4.05	4.40	4.74	5.09	5.43	5.78	6.13	6.47	6.82	7.17
40	7.37	2.95	3.29	3.64	3.98	4.32	4.66	5.00	5.35	5.69	6.03	6.37	6.72	7.06

附录六 大气采样器流量校准方法

新购置或维修后的采样器在启用前应进行流量校准；正常使用的采样器每月需进行一次流量校准空气采样器通常安装的是转子流量计，可用已检定合格的皂膜流量计进行校准，颗粒物采样器用孔口流量计校准。

一、空气采样器流量的校准

空气采样器主要用于气态污染物的采集，如 SO_2，通常安装的是转子流量计，可用已检定合格的皂膜流量计进行校准。转子流量计校准装置如图1所示，用皂膜流量计校准转子流量计的方法和步骤如下。

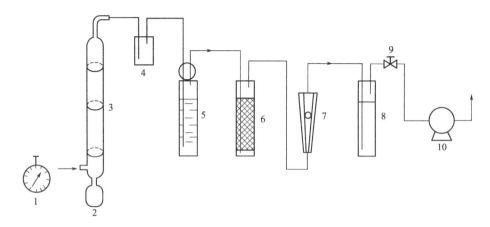

图 1 皂膜流量计校准采样系统中的转子流量计

1—秒表；2—皂液；3—皂膜计；4—皂液捕集器；5—吸收瓶；6—干燥器；
7—转子流量计；8—缓冲瓶；9—针阀；10—抽气泵

① 按图 1 安装校准装置，检查并保证校准系统不漏气。

② 记录校准时的室温和大气压力。

③ 启动采样泵，调节流量直到转子流量计的转子稳定在某一刻度，通常为满量程 20% 的位置。

④ 捏橡皮球使皂膜计进气口与皂液面接触形成皂膜，气体推动皂膜缓缓上升，使皂膜能通过皂膜计管而不破裂，用秒表记录皂膜通过皂膜计上下刻度线内运行的时间，计算皂膜流量计上下刻度线之间的体积。重复三次，并记录校准温度及其对应的水的饱和蒸气压。

⑤ 取三次测量的平均体积和平均时间，并将平均体积换算到标准状况下的体积，重复步骤，依次校准满量程的 40%、60%、80%、100% 处刻度或处在使用流量对应的刻度处。校准标准状况下转子流量计的流量按下式计算

$$V_{nd} = V_m \frac{p_b - p_v}{101.325} \times \frac{273}{273 + t_m}$$

$$Q_{nd} = \frac{V_{nd}}{t}$$

式中 V_{nd}——标准状况下皂膜流量计两刻度间的体积，mL；

V_m——校准时皂膜流量计两刻度的体积，mL；

p_b——校准时环境大气压力，kPa；

p_v——皂膜流量计内水的饱和蒸气压，kPa；

t——校准时，三次的平均时间，s；

t_m——校准时皂膜流量计气体的温度，℃；

Q_{nd}——标准状况下，转子流量计的流量，mL/min。

二、颗粒物采样器流量的校准

颗粒物采样器的流量采用传统孔口流量计进行校准：
① 从气压计、温度计分别读取环境大气压和环境温度；
② 将采样器采气流量换算成标准状态下的流量，计算公式如下

$$Q_n = Q \times \frac{p_1 T_n}{p_n T_1}$$

式中　Q_n——标准状态下的采样器流量，m³/min；
　　　Q——采样器采气流量，m³/min；
　　　p_1——流量校准时环境大气压力，kPa；
　　　T_n——标准状态下的绝对温度，273K；
　　　T_1——流量校准时环境温度，K；
　　　p_n——标准状态下的大气压力，101.325kPa。

③ 将计算的标准状态下流量 Q_n 代入下式，求出修正项 y

$$y = bQ_n + a$$

式中斜率 b 和截距 a 由孔口流量计的标定部门给出。

④ 计算孔口流量计压差值 ΔH（Pa）

$$\Delta H = \frac{y^2 p_n T_1}{P_1 T_n}$$

⑤ 打开采样头的采样盖，按正常采样位置，放一张干净的采样滤膜，将大流量孔口流量计的孔口与采样头密封连接。孔口的取压口接好 U 型压差计。

⑥ 接通电源，开启采样器，待工作正常后，调节采样器流量，使孔口流量计压差值达到计算的 ΔH，并填写下面的记录表格。

表 13　采样器流量校准记录表

校准日期	采样器编号	采样器采气流量 Q	孔口流量计编号	环境温度 T_1/K	环境大气压 p_1/Pa	孔口压差计算值 ΔH/Pa	校准人

注：大流量采样器流量单位为 m³/min，中、小流量采样器流量单位为 L/min。

三、智能流量校准器

1. 工作原理

孔口取压嘴处的压力经硅胶管连至校准器取压嘴，传递给微压差传感器。微压差传感器输出压力电信号，经放大处理后由 A/D 转换器将模拟电压转换为数字信号。经单片机计算处理后，显示流量值。

2. 操作步骤

① 从气压计、温度计分别读取环境大气压和环境温度。

② 将智能孔口流量校准器接好电源，开机后进入设置菜单，输入环境温度和压力值（温度值是绝对温度，即温度＝环境温度＋273；大气压值单位为 kPa），确认后退出。

③ 选择合适流量范围的工作模式，距仪器开机超过 2min 后方可进入测量菜单。

④ 打开采样器的采样盖，按正常采样位置，放一张干净的采样滤膜，将智能流量校准器的孔口与采样头密封连接，待液晶屏右上角出现电池符号后，将仪器的"－"取压嘴和孔口取压嘴相连后，按测量键，液晶屏将显示工况瞬时流量和标况瞬时流量。显示 10 次后结束测量模式，仪器显示此段时间内的平均值。

⑤ 调整采样器流量至设定值。

采用上述两种方法校准流量时，要确保气路密封连接。流量校准后，如发现滤膜上尘的边缘轮廓不清晰或滤膜安装歪斜等情况，表明可能漏气，应重新进行校准。校准合格的采样器，即可用于采样，不得再改动调节器状态。

参 考 文 献

[1] 奚旦立,孙裕生.环境监测(第四版).北京:高等教育出版社,2010.

[2] 国家环境保护总局《水和废水监测分析方法》编委会.水和废水监测分析方法(第四版增补版).北京:中国环境出版社,2002.

[3] 国家环境保护总局《空气和废气监测分析方法》编委会.空气和废气监测分析方法(第四版).北京:中国环境出版社,2003.

[4] 奚旦立.环境监测实验.北京:高等教育出版社,2015.

[5] 邓晓燕,初永宝,赵玉美.环境监测实验.北京:化学工业出版社,2015.

[6] 陈建荣,王方园,王爱军.环境监测实验教程.北京:科学出版社,2015.

[7] 中国环境监测总站.土壤元素的近代分析方法.北京:中国环境科学出版社,1992.

[8] 中华人民共和国环境保护部.全国土壤污染状况调查分析测试方法技术规定.北京:环发[2008]39号.